国家出版基金项目
NATIONAL PUBLICATION FOUNDATION

# 人文印记

# CULTURE
# IMPRINTS

李夕聪　纪玉洪 ◎ 主编

文稿编撰 / 陈　强
图片统筹 / 乔　诚

中国海洋大學 出版社
CHINA OCEAN UNIVERSITY PRESS

# 中国海洋符号丛书

总 主 编　盖广生
学术顾问　曲金良

## 编委会

**主 任**　盖广生
**副主任**　杨立敏　曲金良　李夕聪　纪丽真
**委 员**（以姓氏笔画为序）
朱 柏　刘宗寅　纪玉洪　李学伦　李建筑　何国卫　赵成国
修 斌　徐永成　魏建功

## 总策划

杨立敏

## 执行策划

李夕聪　纪丽真　徐永成　王 晓　郑雪姣　王积庆　张跃飞
吴欣欣　邓志科　杨亦飞

# 写在前面

向海而立，洪涛浩荡，船开航兴，千帆竞进，一幅壮丽的海洋画卷跃入眼帘。

俯仰古今，从捕鱼拾贝、聊以果腹，到渔盐之利、舟楫之便，与海相依的族群，因海而生的习俗，我们的祖先与海洋结下不解之缘。

抚今追昔，贝丘遗址，海味浓郁。南海Ⅰ号，穿越古今。一把盐，可以引出背后的传奇；一艘船，可以展现先进的技术；一条丝路，可以沟通东西方文化……

中国海洋文明灿烂辉煌，中国海洋文化源远流长，中国海洋符号精彩纷呈。

丛书上溯远古，下至清末，通过海洋部落、古港春秋、海盐传奇、古船扬帆、人文印记、海上丝路、勇者乐海，呈现积淀深厚的海洋符号。

**海洋部落**。勤劳智慧的人们谋海为生，在世代与海洋的互动中形成了独具族群特色的海洋信仰、风俗习惯。人们接受浩瀚大海的恩赐并与之和谐相处，创造了海神传说、渔家服饰、捕鱼习俗等海洋文化成果。

**古港春秋**。我国绵长的海岸线上，大小港口众多。历经沧桑的古港，见证了富有成效的中外交往历程；繁华忙碌的航线，展现了古代海洋经济的辉煌成就。

**海盐传奇**。悠久的盐区盐场历史、可煎可晒的制盐工艺、传奇的盐商故事、丰富的盐业遗产，成就了海盐这一特殊的海洋符号。阅读海盐传奇，一窥海盐业发展的轨迹，明晰海盐文化的脉络，感知海盐与人类生存的息息相关。

**古船扬帆**。没有船舶与航海，中国历史上就不会有徐福东渡和郑和下西洋，也不会有惊心动魄的海战，更不会有繁盛的海上丝路。回望文献中的海船、绘画中的海船、出水的海船遗物，探寻古代造船与航海的发展轨迹，回味曾经辉煌的历史。

**人文印记**。历史长河中，中华民族以海为伴，与海洋相互作用，留下许多珍贵的海洋文化遗产。以沿海城市为基点，与海洋相关的历史地理、神话传说、景观习俗等，经久不息，流传至今。

**海上丝路**。先民搭起木船、扯起风帆，开辟海上丝路。南海航线、东海航线，航路不断拓展。徐福东渡、遣唐使来华，中外人士相互交流。丝绸、瓷器、茶叶，中华瑰宝随船西行。玉米、辣椒、香料，舶来品影响华夏生活。"一带一路"，续写丝路新篇。

**勇者乐海**。读史品人，以古鉴今。随着早期海洋意识的觉醒，我国历史上的"乐海勇者"，巡海拓疆，东渡传法，谋海兴邦，捍卫海疆。他们不畏艰险，勇于探索，开拓进取，弘扬了中华民族的海洋精神，唤起了全社会的海洋意识，以期逐步实现建设海洋强国的宏伟目标。

中国海洋文化既富独特性，又具包容性，不仅是中国文化不可分割的部分，也是世界海洋文化的重要组成。中国拥有怎样的海洋文化，凝结出了哪些海洋符号，从中能探索到哪些海洋文化精神？这套书会带给你启迪。

好吧，来一次走近中国海洋符号、探寻中国海洋文化的精神之旅吧！

# 前言

浩瀚的海洋，既是孕育中华民族的摇篮，又是呈现悠悠历史的画卷。它为我们留下了丰富的物质及非物质文化遗产，既有跌宕的历史、神奇的传说，又有美丽的人文景观、精彩的民俗文化。

无论是在黄渤海、东海还是南海，海岸线上的每一座城市，都浸润着海的气息，记录着历史流转：天津向世人讲述着"天津卫"的由来；上海以海派文化展示着江风海韵；福州在东海的潮涌中彰显着船政文化；泉州向世界宣布海上丝路从这里开始；澳门浓缩着历史的沉重与磅礴。带着历史的余韵，它们昂首前行。

除却历史，海洋还赋予城市以奇幻传说：宝葫芦的神奇功力、始皇帝的入海求仙、刘公的海上施恩、"五羊城"的仙人施救，都为海滨之城蒙上神秘面纱。

如果说历史和传说是海洋与城市共同的魂魄，那么海洋人文景观就是它们的骨骼。丹东鸭绿江断桥遗址讲述着曾经的烽火硝烟；葫芦岛水上长城雄关千里；秦皇岛老龙头气势雄浑；青岛栈桥矫如苍龙；宁波石浦古城守候着古老的渔家文化；北海骑楼在珠海路默然伫立；三亚天涯海角在碧海蓝天里谱写华美诗篇……

海洋滋养着海边的人们，形成了流传千年的民俗和文化：威海的海草房将传统与现代巧妙结合；舟山岑氏木船作坊造船工艺传承着即将失落的遗产；汕头的潮汕文化精彩纷呈；广州的岭南风韵于南海之滨灿然绽放。人们享受着大海的恩赐，也以各种形式向海洋表达着感恩。青岛的田横祭海节、宁波的"开洋节"与"谢洋节"、厦门的"送王船"习俗、澳门的"鱼行醉龙节"、防城港的"哈节"，无不表达着人们对海洋的殷殷情意。

海风拂拂，海浪滔滔，壮阔的海洋在沿海城市里留下了海的味道、海的印记。请轻轻地翻开书页，与我们一同领略这多姿多彩的海之画卷。

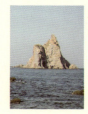

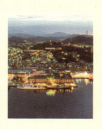

烟台滨海风光

# 黄渤海篇

渤海幻美，黄海壮阔，两片海域紧密相连，彼此交融。海水滔滔，为我们冲刷出许多蔚蓝色的历史印记。丹东的鸭绿江断桥铭记着抗美援朝的坚定步伐；葫芦岛中，水上雄关傲然屹立，姜女石遗址沉默不语；山海关、老龙头沉淀着秦皇岛的山之魅、海之味；烟台蓬莱岛的奇幻让人迷醉；威海刘公岛的传奇广为流传；青岛田横岛的忠烈传说千古传颂……

# 最北港城——丹东

　　鸭绿江畔，黄海之滨，美丽富饶
的丹东就坐落在这里。

　　丹东是辽宁省下辖的地级市，是
我国最大的边境城市，地处我国海岸
线的最北端。丹东港熙熙攘攘，大鹿
岛美景如画，古战场遗址记录着往日
硝烟，鸭绿江断桥诉说着往昔风云。

丹东城市风光

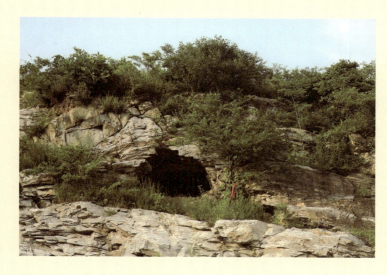

"前阳人"洞穴遗址

## 红色东方之城

丹东历史悠久。1982年在东沟县（今丹东东港市）发现的"前阳人"洞穴遗址表明，早在1.8万年前就有人类生活在这片土地上。五六千年以前，这里出现了农业、捕鱼业和较高水平的手工业。

战国时期，丹东属燕国，是燕国东部的边疆要塞；秦朝时，丹东属辽东郡；唐属安东都护府管辖；辽时在此地建宣州、开州、穆州和来远城；金朝属婆速府路；元朝时沿袭金制置婆娑府；明朝时隶属辽东都指挥使司。

明成化十六年（1480）建汤站堡，次年建镇城。明万历四十七年（1619）萨尔浒之战爆发，后金乘胜攻取辽宁各地，从此丹东属后金势力范围。为加强边境统治，后金采用"定边政策"，将沿江居民全部内迁，禁止居民在规定地区以外进行农牧、采矿、渔猎，并将今东港市十字街以西设为禁区，使丹东成为荒芜之地。

清康熙二十八年（1689）后，清朝政府实行拓边政策，今丹东地区逐步得到开发。1874年，清政府宣布"东边地带全部开禁"，并于1876年设凤凰厅和安东县，鸭绿江水运价值也逐

日军在鸭绿江上搭设浮桥

大东港

渐得到开发。1877 年，清廷设宽甸县，归凤凰厅统辖。至此，丹东进入全新的开发时期，为今天丹东市的形成奠定了基础。

1894 年，中日甲午战争爆发。发生于 10 月 24 日的鸭绿江江防之战，是清军抗击日军入侵我国国土的首次保卫战。战争中，清军内部不团结，士气不振，丝毫没有抵抗的决心，以致日军泅水过江并在鸭绿江中架起浮桥，清军竟毫无察觉。25 日清晨，日

军向清军阵地发起进攻，清军唯有守将马金叙、聂士成率部奋勇还击，由于势单力孤，伤亡重大，被迫撤出阵地。清军其他各部面对败状，不战而逃。不到3天，清朝近3万重兵驻守的鸭绿江防线全线崩溃，安东县被日本占领。

"九一八"事变后，东北沦陷。为了控制辽东，伪满洲国于1937年将原安东县城区划为安东市，作为东北沦陷时期日伪统治辽东的中心。抗日战争胜利后，安东解放。1949年，辽东省成立，设安东市为省会。1954年，撤辽东省，安东市改属新成立的辽宁省。1965年取"红色东方之城"之意，安东市改称丹东市。

## 海韵大东港

大东港位于丹东市下辖的东港市鸭绿江河口附近，南靠波涛滚滚的黄海，是我国海岸线最北段的不冻良港。

由于地理位置优越，鸭绿江入海口自古以来就是军事要道和交通要道。清朝光绪年间，入海口附近曾有一个相当繁华的港口码头。1931年"九一八"事变爆发后，侵占东北的日本侵略者为了掠夺资源，准备兴建港口，并建一个临港工业区，以便直接进行海外输出。经过一系列的调查勘测，日本侵略者决定在鸭绿江口兴建港口，并发展港口城市。1936年，在与伪满洲国共同制定的《满洲产业开发五年计划》中，日本侵略者把建设大东港及其港口工业城市列为重要内容。

大东港于1939年开始建设，后因日本国力不足，加之战争形势变化，建设速度减慢，并于1944年停止。时至今日，港口码头、船坞等工程残迹仍然可见。但随着时间的流逝，原本的大东港因多年淤积，通道堵塞，不宜再做港口。为了建设新港，我国政府在距大东镇东南5千米处选择了新的港址。1986年，港口建设开始，并于1988年建成，崭新的大东港从此屹立在黄海海岸上。

如今的大东港作为丹东港最重要的组成部分，已经成为我国东北东部地区的出海大通道和物流集散地。

## 大鹿岛

在我国万里海疆的最北端，有一个面积6.6平方千米的海岛，素有"北方夏威夷"之称，这就是大鹿岛——我国海岸线北端的第一大岛。大鹿岛景色独秀，北与大孤山隔海相望，东与獐岛相互依偎，远望孤岛高耸，如

一只梅花鹿卧于黄海之中。

关于大鹿岛的形成，有一个美丽的传说。说是古时候，有位仙女下凡，变成一只梅花鹿，以欣赏辽东一带的秀美风光。猎人看到，认定这是"宝鹿"，奋力追捕，从凤凰山一直追到大孤山巅。猎人看再往前追便是黄海了，于是张弓搭箭欲置梅花鹿于死地。在这万分紧急的关头，梅花鹿用尽最后的气力，纵身一跃跳进了大海。顷刻间，山呼海啸，海面上浮起了一座岛屿，状如梅花鹿，这座岛由此被称作"大鹿岛"。

## 古战场遗址

大鹿岛南面有一片海域，是中日甲午战争的古战场遗址。

1894年，震惊中外的中日甲午战争爆发。为了抗击日本侵略者，北洋

大鹿岛俯瞰

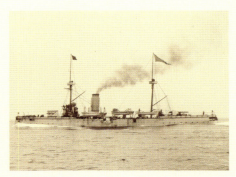

"致远舰"

水师于 1894 年 9 月 12 日，由时任北洋水师提督丁汝昌率 12 艘主力舰从威海出发，赶赴鸭绿江口的大东沟，护送陆军登陆。与此同时，日军为了夺取制海权，也于 13 日开赴鸭绿江口，与北洋水师主力决战。

9 月 17 日，日军与北洋水师在大东沟海面发生激战。战斗历时 5 个多小时，北洋水师损失"致远舰"等 5 艘军舰，死伤官兵千余人。日本舰队 5 艘军舰受重创，死伤官兵 600 余人。战斗以北洋水师的失败而告结束，北洋水师退入威海卫。

为了纪念这段历史，大鹿岛先后修建了邓世昌墓和甲午海战无名将士墓，时有民众前来祭拜。此外，经考古学家考证，于 2014 年在黄海海域发现的沉船"丹东一号"正是在甲午海战中沉没的"致远舰"。

如今，当人们站在大鹿岛上，面对滚滚不息的浪涛，眺望当年硝烟弥漫的古战场，会不禁生起悲壮之情。

## 蟒山灯塔

在大鹿岛上，有一座山名叫蟒山，因山上有一座航海灯塔，所以又被称为灯塔山。这座灯塔由英国人建

蟒山灯塔

于 1923 年。清朝末年，清政府腐败无能，西方列强趁机与清政府签订不平等条约，加紧对东北地区资源的掠夺。1906 年，英国人在安东创立了"安东海关"，垄断了安东地区航海经营权。为了行船方便，1923 年，英国人依恃拥有"安东海关"的特权，派两名英国人到大鹿岛修建灯塔，将地址选择在大鹿岛南端的蟒山顶。整个工程于 1925 年竣工。灯塔采用了当时比较先进的光学技术，照明距离很远。据老一代渔民讲，在 100 海里处的海面上都能看见灯塔的光。

## 断桥遗梦

鸭绿江水波澜不惊，两岸青山无语凝噎。当年战火纷飞地，而今断桥遗故梦。

位于鸭绿江畔的断桥，桥长 944.2 米，宽 11 米，有 12 孔，其中第 4 孔为"开闭梁"，可旋转开合，以方便船舶航行。

1905 年，日本侵略者为了掠夺中国，强行在鸭绿江上修建了这座大桥。1950 年，朝鲜战争爆发，美国派兵入朝，并将战火烧到鸭绿江边。为了"抗

鸭绿江断桥

美援朝，保家卫国"，中国人民志愿军跨过鸭绿江参战。在抗美援朝战争中，大桥具有"交通大动脉"的战略地位，因此美军千方百计对其进行破坏。1950 年 11 月，美国空军开始轰炸大桥， 1951 年 2 月，大桥最终被炸毁，成为废桥，所剩的 4 孔残桥保留至今，被人们称为"鸭绿江断桥"。

如今的断桥默默屹立于水上，向往来的人们讲述着中国人民志愿军的不屈意志。

# 关外城市——葫芦岛

"关外第一市，魅力葫芦岛。"

处于渤海怀抱中的葫芦岛，因形似葫芦而得名，更因"宝葫芦"的传说倍添神秘色彩。历经千百年的历史涤荡，沙锅屯洞穴遗址已然成为葫芦岛的文化名片；九门口水上长城和姜女石遗址支撑起葫芦岛的海洋人文景观，使这座历史古城至今屹立，灿然生辉。

## "葫芦岛"之名

葫芦岛位于辽东西海岸，自东北而西南伸入海中，长六七里，尾大头小，中部稍窄细，状似葫芦。葫芦岛一名的由来，大概与这一形状有关。

其实，葫芦岛最初为半岛名称，始见于嘉靖《辽东志》。明嘉靖十六年（1537）刊行的《辽东志》卷一《地理志·山川》"宁远卫"条目下列有葫芦岛，并注有"在海岸四十里，半山入海"。另外，明天启三年（1623）中极殿大学士、兵部尚书孙承宗的《奏报关东情形疏》和中国革命先行者孙中山的《建国大纲》，以及其他许多文献都曾提及葫芦岛的名字。

葫芦岛上层峦叠嶂，夏季绿树成荫，气候凉爽，冬季则由于地理位置的缘故海湾不冻，是建设海港的风水宝地。从清朝末期开始，英国工程师秀思就对葫芦岛进行勘测，而后清廷、中华民国、伪满洲国和中华人民共和国先后在此建筑海港。由于地理位置优越，海港建成后，其在军事、交通、贸易诸方面发挥出的显著作用使得葫芦岛蜚声海内外。葫芦岛不再仅仅指一座海岛，而是成了整个港城的名字。

## "宝葫芦"的救命之恩

在漫长的历史长河中，葫芦岛无数次激发了人们的想象，形成了许多优美的故事，其中之一便是宝葫芦的传说。

相传在很久以前，辽东湾有个专门捕食出海渔民的蛇怪，渔民对这个妖怪又恨又怕。

一年春天，八仙之一的铁拐李来

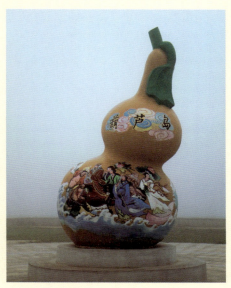

葫芦岛海滨雕塑

到辽东湾,看见饱受妖怪折磨的渔民,便把自己的宝葫芦籽交给了一个叫王生的小伙子。铁拐李告诉王生,宝葫芦长成后,可以随着他的心愿变大,只要他拿着这个宝葫芦就可以打败蛇怪,拯救渔民。

在王生的精心照料下,宝葫芦终于长成。躲在海里的蛇怪得知王生拥有了对付自己的法宝,便偷袭王生家,企图将宝葫芦吞下,却被王生及时阻止。眼看吞食宝葫芦不成,蛇怪恼羞成怒,转而攻击王生。只见王生举起宝葫芦,瞬间飞上了空中,接着,一个翻身落下,举起宝葫芦狠狠向蛇怪砸去,蛇怪被宝葫芦一击暴毙。

蛇怪从空中坠入海里,把原本平静的海面震得波浪滔天。王生没有惊慌,骑着宝葫芦在空中绕着蛇怪画了个葫芦形状。宝葫芦按照王生画出的形状幻化成了美丽的半岛,将死去的蛇怪压在下面,辽东湾海面就又恢复了风平浪静。为了铭记宝葫芦的救命之恩,当地渔民便把这个半岛称为"葫芦岛"。

## 红山与渔

1921 年,瑞典地质学家、考古学家安特生在今葫芦岛市南票区沙锅屯乡媳妇山东坡 1.2 千米处的天然洞穴里发现了一些陶器碎片。在随后的考古活动中,大量的石器、骨器和陶器从这个高约 2 米、宽约 3 米、深近 10 米的洞穴中被发掘出来,重见天日。石器、骨器种类繁多且大多比较完整,而陶器则多为碎片,均为灰褐色,纹饰多样。后来经过考古专家鉴定,这些出土的遗物为距今 7000 年的新石器时代早期的人类遗物,与仰韶文化处在同一时期,属于红山文化的一部分。

红山文化是在河北北部、辽宁西部大凌河、内蒙古东南部与西辽河上游流域活动的部落集团创造的农业文化，而其渔、牧、猎等亦有发展。

迄今出土的文物中，除了用于农业生产活动的大型石器之外，还有以打制石器为主的大量捕鱼工具。这些工具把生活在这里的古人同海洋紧密相连，从侧面印证了渔猎在红山文化时期的重要地位。此外，很多陶器残片上还有弧形的装饰纹理。据专家推测，这些纹理所表示的正是波浪的形状，这足以证明在远古时期，海洋对当地居民产生了深刻影响。

红山文化玉器之玉卷龙

如今，沙锅屯洞穴遗址已经成为葫芦岛的文化名片，而其代表的红山文化则把葫芦岛的历史向前延伸了数千年。

## 海滨之魂话人文

海洋人文景观是葫芦岛的灵魂。站在屹立千年的景观之前，凝望、瞻仰历史的痕迹，我们便能够窥见葫芦岛的过往。

### 水上长城

葫芦岛市绥中县九门口水上长城，以九道水门在万里长城中独树一帜。

九门口水上长城位于绥中县与河北省抚宁县交界处，是万里长城重要的组成部分。它始建于北齐，明代以前为重要的军事关隘。今天的九门口水上长城横跨百余米宽的九江河，全长1704米，城桥长97.4米，是于明洪武十四年（1381）大规模重建的。

九门口水上长城是葫芦岛海洋人文景观的典型代表，作为中国万里长城中唯一的一段水上长城，尽显独特魅力。九江河水从长城下的九道水门

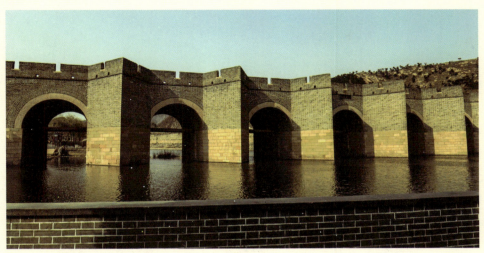

九门口水上长城水门

直流而过，"城在山上走，水在城下流"，城与水的融合体现了筑城之人的匠心独运。

匠人们修建九门口水上长城时，在九江河上铺就了7000平方米的过水条石，因而九门口水上长城也被称为"一片石"。明末农民起义军领袖李自成曾在这里与吴三桂引入关内的清兵展开厮杀。1922—1924年的直奉军阀大战和解放战争时期中国人民解放军激战九门河谷的事件，也使"一片石"在历史上占有重要地位。

如今站在九门口水上长城，遥望苍翠的群山，俯瞰奔流的河水，似乎还可以看见熊熊燃起的狼烟，听见金戈铁马的声响。

### 姜女石遗址

位于葫芦岛市绥中县万家镇的止锚湾海滨，临近渤海处有一大面积的秦至西汉前期的建筑群遗址。该遗址发现于1982年，南北长4千米，东西沿海岸绵延3.5千米，总面积约14平方千米。

考古学家经过考证，认为这是秦始皇东巡时所筑行宫的遗址。该遗址是关外地区首次发现的秦代行宫遗

姜女石

址。在遗址中轴线的南端，有三块巨大的礁石，被称为姜女石，又名姜女坟，传说这是孟姜女投海自尽之处。清代人王朴的诗中曾这样写道："烟波何处吊贞魂，一阵寒声下墓门。秋影翩翩凉有迹，天光上下碧无痕。三湘归梦霜初冷，千载悲风浪更吞。忽共征帆飞欲尽，汀沙浩渺月无痕。"但也有专家认为，海中的礁石与孟姜女相去甚远，非但不带有悲伤的色彩，反而凝聚了历史的厚重。他们认为，这三块巨石就是历史上非常著名的"碣石"，魏武帝曹操诗句"东临碣石，以观沧海"中的碣石就是指这里。

# 滨海雄关——秦皇岛

燕山脚下，雄关万里拥古城；滨海画廊，神奇浪漫秦皇岛。

背靠燕山、东望渤海的秦皇岛，是我国唯一一座以皇帝尊号命名的城市。山海关历经沧桑，老龙头弄涛舞浪，澄海楼巍峨雄壮。

秦皇岛北戴河

## 昔日秦皇求仙处，今朝滨海新名城

秦皇求仙的传说，赐予了这座城市独特的名字；浩瀚壮阔的渤海，赋予了这座城市绝佳的景色。

### 秦皇岛之名

秦皇岛，原本是渤海中一座荒岛的名字。

最初的"秦皇岛"是一个南高北低，由东北向西南延伸入海的孤岛。据《光绪二十四年中外大事汇记》记载："该岛巨石积沙相杂成阜，高八丈余。兀峙海滨，岛前水内皆乱石，有平板桥由西岸达岛之麓，长十余丈。岸皆沙堆积成，有人烟数十户。"民国《临榆县志》记载："山脉由东转西插入海中，横压水面，远望形如卧蚕。"光绪末年至民国初期，建成了

秦皇求仙入海处

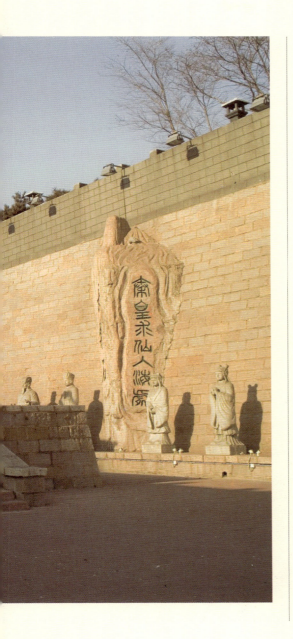

秦皇岛港，这时的"秦皇岛"一名主要指港务局一带。民国时期，随着人口的聚集，才在此地设立行政机构，"秦皇岛"变成了行政区域名称。

历史上，有关秦皇岛之名的记录最早可见于明英宗天顺五年（1461）杨琚的《秦皇岛》一诗，其中有"古殿远连云缥缈，荒台俯瞰水潺湲"之句。而后，弘治《永平府志》对秦皇岛则做了这样的记述："秦皇岛在抚宁县东七十里，有山在海中，世传秦始皇求仙驻跸于此。"万历年间（1573—1602），蒋一葵在《长安客话》中以春秋笔法生动地描述了秦皇岛之名的由来："关（山海关）南六里有孤山，屹然独立于海上，四面皆水，俗呼秦皇岛……俗传秦皇至此山见荆，愕然曰：'此里师授吾句读时所用朴也。'下马拜，荆皆垂首向地，如顿伏状，至今犹然。石上有秦皇下马迹，因名秦皇山。"

## 秦皇求仙处

位于燕山山脉东段丘陵地区与山前平原地带的秦皇岛市，因始皇帝而得名。

相传，秦统一六国后，秦始皇东

巡至海，有齐人拦驾求见，禀告始皇帝，此处海里有三座仙山，分别为蓬莱、方丈、瀛洲。仙山上住的是长生不老的神仙。大王若想万寿无疆，可以沿此登仙山，寻仙药。秦始皇于是便张贴告示，广招方士，共议求仙之事。燕国方士卢生见此告示，便毛遂自荐，表示愿带其弟子渡海求长生药。

随后，秦始皇派人找到了一个美丽的小岛作为入海之处。出海当天一早，卢生和弟子韩终、侯公、石生等人就在海边待命了。秦始皇以美酒祭拜仙山，以珠宝和瓜果犒赏即将出海的方士，随后，降旨命方士入海。秦始皇站在小岛山岩上，默默目送船队远行，直至船队消失在海天尽头。

如今，在秦始皇站立的小岛山岩上，可以看到后人所立的石碑，石碑上刻有"秦皇求仙入海处"七个大字。而这个美丽的小岛，历经风霜，渐渐与陆地相连，成为如今的秦皇岛。

**渤海新名城**

这座与秦始皇息息相关的古城不但把历史凝结在记忆里，还抓住时代的机遇，在竞争中求得了跨越式发展。如今，秦皇岛由于地理位置优越、气候温和，已经作为避暑胜地而闻名于海内外。

秦皇岛港

山海关东门

此外，秦皇岛处于环渤海经济圈的中心地带，多条铁路干线和高速公路贯穿全境，交通便捷。由于位于东北与华北两大经济区的接合部，秦皇岛已成为一座拥有世界第一大能源输出港的重要港口城市。

随着时代的发展，承载着悠久历史的秦皇岛以其独特的魅力将传统与现代相结合，并因岛城人民的勤劳和智慧而焕发出勃勃生机，成为环渤海经济圈一颗闪耀的明星。

## "两京锁钥无双地，万里长城第一关"

"山一程，水一程，身向榆关那畔行，夜深千帐灯。"清代词人纳兰性德《长相思·山一程》中的这一句最易引起天涯游子的共鸣。其中的"榆关"，指的就是今天的山海关。

### 历史上的山海关

山海关始建于明洪武十四年

（1381），北依燕山，南连渤海，故得名"山海关"。山海关是明长城在东北地区的重要关隘，素有"天下第一关"之称。它是连接中原与东北地区的咽喉要道，自古以来就是兵家必争之地。

山海关的城池，周长约4千米。整个城池与长城相连，有东门"镇东门"、西门"迎恩门"、南门"望洋门"和北门"威远门"。东门是至今保存最为完整的城门，城楼上悬挂着"天下第一关"匾额，匾额的艺术风格与关山险隘的建筑格局十分协调。整个城楼奇特俊秀。

山海关作为我国历史上的重要军事关隘，经历过无数次残酷战争的洗礼。

明崇祯十七年（1644），闯王李自成与吴三桂所率领的清军的决战就发生在这里。据记载，吴三桂"冲冠一怒为红颜"，向清军首领多尔衮乞师求降，削发称臣，并拱手献出了山海关。著名的"榆关抗战"也发生在这里：日军侵占东北后，于1933年元月1日至3日入侵山海关，中国军队奋起抵抗，中日两军鏖战山海关，揭开了长城抗战的序幕。

如今，站在山海关城楼之上，俯瞰关外的大片原野，遥望蜿蜒起伏的角山长城，嗅着海风的沧桑味道，依旧可以感受到那段刀光剑影、炮轰弩射的历史。大气、磅礴、巍峨的山海关已屹立数百年，吸引着越来越多的目光。

## 凤凰叼来的山海关

关于山海关的传说有很多，其中之一就是山海关建关的传说。

相传朱元璋建立明朝后，为了加

刘伯温铜像

强京城防务，派大将徐达和军师刘伯温（刘基）到山海关建城设防，限期一年完工。徐、刘二人领了圣旨出京，一路上快马加鞭，来到当时只有一座土城的山海关。

刘伯温察看地势后，认为旧地建新城，攻不能进，退不可守，便和徐达商议重新寻找风水宝地建造新城。正在二人苦恼之际，从东边飞来一只金色翅膀的大凤凰，叼起刘伯温随便插在地上的一杆大旗就向西飞去。徐达和刘伯温大吃一惊，立即向西追去。而后，只见大旗已经牢牢地插在一座山丘上。刘伯温来到大旗跟前一看，哈哈大笑，徐达不解，便问刘伯温所笑为何。刘伯温对徐达说："这金翅凤凰真是神鸟啊，你看脚下，不正是一块宝地吗：离山不远，离海亦近，又是一座山丘。在此修起一道长城，往南伸入海里，往北直上角山，中间留下一个关口，就是东往西来的咽喉；再筑城池一座，把山丘围起来，内可屯兵百万，外可出兵征战，岂不是京城的一把铁锁？"说得徐达顿时眉开眼笑。

没过几天，民夫征齐，破土动工，南起渤海，北上燕山，一年之后，城池竣工，果真是"一夫当关，万夫莫开"之地。

这个传说虽与史实不相符，但因极富神奇色彩，在当地广为流传。

## 弄涛舞浪老龙头

老龙头位于山海关城南5千米的滨海高地，是一座地势高峻的"入海石城"。如果把万里长城比作在中国大地上蜿蜒的巨龙，那么长城入海之地便是巨龙之首，由此得名"老龙头"。相传老龙头是明代蓟镇总兵戚继光为防止蒙古骑兵南下而率兵修建的。

澄海楼是老龙头最为著名的建筑，

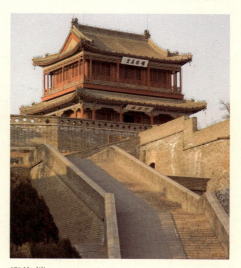

澄海楼

曾有诗歌描绘："长城连海水连天，人上飞楼百尺巅。"足见澄海楼的巍峨与雄伟。澄海楼是砖木结构的古楼，高14.5米，面宽15.68米，进深12米，共两层。澄海楼有乾隆御笔亲书的"澄海楼""元气混茫"及明代大学士孙承宗所题的"胸襟万里"三块匾额。其中，"元气混茫"配有楹联"日曜月华从太始，天容海色本澄清"。这些无不显示出澄海楼的气度。

澄海楼两侧的墙壁上镶有多块石碑，石碑上所镌刻的诗词均是帝王和文人墨客登楼时所题。澄海楼前的"天开海岳"碑，传说是唐代遗碑。

登上澄海楼，俯瞰海面，风吹浪动，涌起千层雪；极目远眺，潮落潮起潮涌"龙头"。

最初，老龙头是用来进行军事防御的人造屏障，但随着朝代更迭，疆域逐渐扩大，老龙头的军事作用减弱，却因其雄壮的风景而吸引了许多帝王将相、文人骚客。乾隆皇帝曾站在老龙头之上，望着无垠的海水作过这样一首诗："我有一勺水，泻为东沧溟。无今亦无古，不减亦不盈。"这里乾隆皇帝把与老龙头相接的沧浪之水比作从自己勺子中

老龙头雪景

倾泻而出的水，足见其胸怀之宽广，同时也可窥见老龙头之景的辽阔与苍茫。

## 秦皇古城多骚客，
## 共筑华章永流传

　　秦皇岛历史悠久，风景如画。有关秦皇岛的诗词丰富多样。在浩浩荡荡的历史长河中，秦皇岛以超越时代的特色与魅力吸引着每一个人，从天子到官员，从民族英雄到文人墨客，几乎每个朝代都留有大量的墨宝，描绘着秦皇岛的英姿。

### 海之魅，山之味

　　历代许多伟人都曾站在秦皇岛这片土地，凝望大海，以自己的笔触描绘这片海的千姿百态。魏武帝曹操著名的《观沧海》，据说就是在秦皇岛市下辖的昌黎县，东临碣石山、遥望浩瀚的渤海有感而作："秋风萧瑟，洪波涌起。日月之行，若出其中；星汉灿烂，若出其里。"还有一些诗人用雄浑的线条勾勒出渤海宏大的气概，把大海的力量描绘得淋漓尽致，例如明代人邵逵的《秦皇岛》："千

寻浪拍纷如雪，万叠潮来吼似雷。"

秦皇岛地形起伏，重峦叠嶂，苍翠的山峰与深蓝的海面相互映衬。海的波动衬托着山的威严，尤其是屹立在海中的碣石山，在海水的环绕下，更显肃穆，清代人王曰翼的《碣石》就曾用"一柱孤悬霄汉傍，千秋禹迹旧茫茫"来表现碣石山跨越时空依旧屹立的雄姿。清代人李养和的《登角山》则把角山的草木葱茏描绘成"满径花香俱是药，半山松老尽成龙"。

## 山海关烽火诉离殇

秦皇岛不仅有美若仙境的山和海，更有带着烽火狼烟的山海关。在中国人的眼里，山海关就是边塞的代名词，与爱国、忠君、思乡、离苦等词语联系甚密。

流传下来的有关山海关的边塞诗歌数不胜数，光是以山海关作为诗名的诗歌就有很多。明代学者顾炎武的《山海关》对其地理位置的描述简洁而准确："芒芒碣石东，此关自天作。粤惟中山王，经营始开拓。"清代词人纳兰性德的《山海关》则描绘了夜色中的山海关，其名句"哀筑带月传

声切，早雁迎秋度影高"婉转而深刻地表现了驻边将士对家乡的怀念和对亲人的关切，让人读来仿佛回到了烽火连绵的岁月。

夜色中的山海关

24

## 漕运之都——天津

天津，因海而起，因海而兴。

优越的地理位置使天津繁荣发展，漫长的历史赋予天津别样风格。漕运的发展促进了天津这座城市的形成和繁盛，并带来了独特的妈祖文化。作为"津门之屏"，大沽口炮台历经四次海战，见证了惊心动魄的历史。

**史说津门**

天津之所以能成为繁华都市，主要是拜交通运输十分便利所赐。隋朝修建大运河后，该地因地处海河、南运河、北运河的交会处而被称为"三岔河口"。随着人烟渐渐密集，这里

"三岔河口"的美丽夜景

就成了天津的发祥地。

唐朝中叶以后，随着运河通航功能的逐渐完善，天津成为南方粮食、绸缎等物资北运的水陆码头。金朝时，"三岔河口"地区更是被设立为军事重镇"直沽寨"，并在如今天后宫附近的地区形成街道，为天津的建城奠定了基础。元朝时，直沽寨更名为海津镇，成为漕粮运输的转运中心。

明代为天津的发展涂上了浓墨重彩的一笔。明建文二年（1400），燕王朱棣在此沿大运河南下争夺皇位。朱棣成为皇帝后，于明永乐二年（1404）正式在此地筑城，并取"天子经过的渡口"之意，将此城命名为"天津"。对此，明朝文人李东阳的《重建三官庙碑记》中有载："天津象征天子车马所渡之地。"

建城后的天津，因地理位置重要，一直是明代的军事要地。为了巩固京城，明政府于"三岔河口"西南的小直沽一带置城设卫，称之天津卫，此后又增设天津左卫和天津右卫。清顺治九年（1652），三卫合并，成为人们如今所熟知的天津卫。

天津在政治舞台上也有一席之地：无论是李鸿章兴办洋务还是袁世凯发展北洋势力，天津都是重要基地；民国初年，数以百计的下野官僚政客及清朝遗老进入天津租界避难，并图谋复辟。这里也是列强争夺之地：1860 年，英法联军占领天津，被迫开放的天津被列强以租借的形式先后瓜分。1900 年，八国联军侵华，天津沦陷。

繁荣的天津港

## 妈祖文化

妈祖本来是东南沿海一带渔家供奉的神灵，但漕运的兴盛加强了南北经济文化的交流。许多从南方来到天津的人不但为天津带来了南方的商货，也带来了他们所信奉的守护神——妈祖。

## 天后宫

位于天津古文化街的天后宫，是天津市最古老的建筑之一，也是中国现存年代较早的妈祖庙之一。

由于当时海运漕粮，漕船海难不断发生，为了向天后祈福求安，元泰定三年（1326），皇帝下令在作为海运漕粮终点和转入内河装卸漕粮码头的天津"三岔河口"码头附近修建了天后宫。

天后宫

几百年来，天后宫的香火一直很盛，往来的船户，以及生活在附近的百姓，都来祈福祷告。元代诗人张翥曾在《代祀湄洲庙次直沽》一诗中描写了当时拜祷天后的盛况："晓日三岔口，连樯集万艘。普天均雨露，大海静波涛。入庙灵风肃，焚香瑞气高。使臣三奠毕，喜色满宫袍。"清人崔旭的《津门百吟》中也写道："飞翻海上著朱衣，天后加封古所稀。六百年来垂庙貌，海津元代祀天妃。"

在天津，天后宫不仅是祈求保佑涉海之人平安的场所，也是许多人求子的庙堂。过去，婚后无子的夫妇总会到天后宫祭拜并拴个泥娃娃回家，如今的老天津人依旧保有到天后宫求子的习俗，这也成为天津天后宫的一大特色。

**天津妈祖祭典**

天津妈祖文化的另一个重要代表是名列国家级非物质文化遗产名录的妈祖祭典。

在天津，"天后圣母"俗称"老娘娘"，因此传统的天津妈祖祭典最早称为"娘娘会"，活动开始于每年的农历三月二十三日，为期四天，以纪念天后的诞辰。旧时的"娘娘会"十分热闹，是老天津最负盛名的民间祭典。乾隆皇帝下江南途经天津时，适逢会期，对"娘娘会"大加赞赏，因此，天津"娘娘会"又被称为"皇会"。但是由于历史原因，天津皇会于1936年停办。

为了延续传统，传扬妈祖文化，20世纪80年代起，妈祖祭典逐渐恢复。恢复后的妈祖祭典继承了天津皇会的老传统，举办的日期不变，而具有上百年历史的花会和蹬竿、舞狮、高跷、津门法鼓等表演项目也重新出现在祭典仪式上。每年的妈祖祭典举办前，天后宫所在的古文化街上，各商铺都会很早开门，在门前摆上供桌，放上各色点心，等待妈祖出巡散福的华辇经过。祭典举办时，围在路旁的信众要么往华辇上放鲜花、钱、点心，要么在路旁焚香跪拜，以求得天后娘娘的保佑。

## 大沽口炮台

明成祖朱棣迁都北京后，天津成为从海上进京的唯一门户，大沽口的战略地位日渐凸显。嘉靖年间（1522—

天津皇会表演

大沽口炮台

1566），为了抵抗倭寇，大沽口加紧战备，构筑堡垒，驻军设防。

清嘉庆二十一年（1816），为了加强大沽口海防，在大沽口南、北两岸各建一座圆形炮台，这便是大沽口最早的炮台。1858年，钦差大臣僧格林沁镇守大沽口，并重新整修了炮台。此后，清政府不断对炮台进行改造，增高、垒实、扩展规模，使这里成为重要的军事海防据点。

大沽口炮台素有"津门之屏"的美誉。在1840年至1900年的61年中，为了坚守海防，保卫国家，大沽口驻防官兵与英、法等军激战，共进行了四次大沽口保卫战。

发生在1858年的第一次大沽口保卫战以清军抵抗两小时便战败为结局，这起战事的结果导致了《天津条约》的签订。《天津条约》签订后，咸丰帝认为条约中的苛刻条款"万难允准"，然而英、法等国政府对从《天津条约》获得的权益并不满足。1859年，英、法公使率领所谓的换约舰队，拒绝按照清政府指定的路线前往北京，而是直闯禁止外国船只进入的大沽口。中国军队布设的障碍被拆毁，中国守军奋起还击，第二次大沽口保卫战由此打响。

吸取了第一次大沽口保卫战失败的教训，僧格林沁不但整顿军队，还在第一次大沽口之战被毁的炮台、营盘的废墟上新建了防御设施。经过一昼夜的殊死交战，清军以英勇的抗击给联军以重创，取得了鸦片战争后清军抗击外来侵略的第一次胜利，也是第二次鸦片战争中唯一的一次胜利。

1901 年《辛丑条约》签订后，为了确保在华利益不受侵犯，帝国主义列强强行拆毁了大多数炮台，只有"威"字、"海"字和"镇"字炮台残留至今。1988 年，大沽口炮台遗址被国务院确定为全国重点文物保护单位。

# 蜃景传说——烟台

地处胶东半岛北边的烟台，拥有 909 千米的海岸线。这里，燕台石、婆婆石喃喃细语，宛若灵芝的芝罘岛摇曳生姿，蓬莱美景神奇缥缈，登州古港承载着历史喧嚣。

## 都知狼烟起，谁晓燕留情

说起烟台，就不能不提烟台山。

位于烟台市区北端的烟台山，三面环海，岗峦兀立，林木葱茏，清秀幽雅。站在烟台山上，可俯瞰烟台市市区景致。

据史书记载，烟台古称芝罘，是中国早期文化的发祥地之一。明洪武三十一年（1398），为防倭寇侵扰，朝廷在其临海的藤峰顶上修筑了一个狼烟墩台，也称"烽火台"。站在这个墩台上，若发现敌情，"昼则生烟，夜则举火，以资戒备"。后来，人们就把建有墩台的这座山称为"烟台山"，而这座城市也因此改名为"烟台"。

关于"烟台"之名的来历，还有一个动人的神话传说。

很久以前，烟台山上住着一位打鱼为生的"守山神"。在玉皇大帝身边，有一个美丽活泼的侍女，名叫燕女神。燕女神不堪天宫寂寞，偷偷下凡，落在烟台山上，遇见了健壮、憨厚的守山神，并芳心暗许。

　　不久，守山神与燕女神结为夫妻，生育了一双儿女。谁料，玉皇大帝知晓了燕女神私下凡间并与守山神成婚一事，大为震怒，立即派兵捉拿燕女神。被天兵天将抓走的燕女神在空中看着伤心欲绝的丈夫和啼哭不止的儿女，悲痛极了，便将自己的黑色斗篷抛落下来。斗篷落在山上，化成一块状似燕子的巨石，代替燕女神日夜守候着深爱的夫君和儿女。

　　后来，经常会有成群结队的燕子飞来，或是落在石上休息，或是围着这块巨石鸣啼不止，好像在诉说着这个凄美的故事。这块巨石于是被人们称为"燕台石"，而随着时间的流逝，"燕台"也就被误传为"烟台"了。

## 一棵灵芝草，碧波水中摇

　　"北望波涛接远天，玄菟庚癸正堪怜。风微日暮帆樯集，不是当年采药船。"这首颇令人回味的诗歌是明代蓬莱县令段殿游览芝罘岛时写下

芝罘岛

的，足见芝罘岛的绝世美景。

芝罘岛位于烟台市北面，又称芝罘山。它状如长梭，东西长 9.2 千米，南北宽 1.5 千米，面积约 10 平方千米，是我国最大的陆连岛。如果从天空俯瞰小岛，就会发现整个岛屿宛若一棵灵芝草横卧在碧波万顷的海面之上，遂得名"芝罘岛"。

## 守望爱情的"婆婆石"

芝罘岛景色优美。在其东南方的海中，有一块巨石盘坐水中，形状像一个老婆婆，因而被称为"婆婆石"。

"婆婆石"

在芝罘岛的另一侧，也曾有一块矗立在海面上的礁石，好像一位老公公站在浪花之上，被人称为"公公石"。

相传，很久以前，芝罘岛上经常发大潮，导致船毁房塌、庄稼颗粒不收。为了解救百姓，龙王派龙公公和龙婆婆镇守芝罘岛，以芝罘岛相隔，永生不得见面。

原来，龙公公与龙婆婆是龙宫里的一对有情人，迫于龙宫规矩，他俩只能借着干活的机会说几句知心话。但他们的事情还是传到了龙王耳朵里，龙王很生气，就借机把他俩发配出宫了。

龙婆婆出宫后就盘腿坐在芝罘岛的后海上。此地南面不远处是岛上唯一的渡口，地势险，水流急。但自从龙婆婆到了这里，渡口就变得安全了，渔民们都把龙婆婆当成救命恩人。时间长了，渔民们知道了龙婆婆的故事，都为她打抱不平，也愿意帮她与龙公公见面，可龙婆婆不敢违犯龙王的旨意。渔民们却不管这些，他们拉起龙婆婆就走。谁知道龙婆婆刚一抬身，就被巡海的海夜叉看见了。它用手一指，龙婆婆马上又盘腿坐在原处，瞬间化作了一块礁石。

龙公公镇守着芝罘岛的前海，不能与龙婆婆相见，每天只能望着过往的船只，思念着龙婆婆。天长日久，一直在翘首远望的龙公公也慢慢地变成了礁石。

如今，龙婆婆幻化成的"婆婆石"依旧坐在海水中翘首以盼，可"公公石"却因长年风蚀海剥而消逝了。

## 话说阳主庙

在芝罘岛的阳坡，有一座背山面海的寺院，它布局严谨，造型典雅，周围古树参天，这就是远近闻名的阳主庙。它始建于春秋战国时期，不但是齐国国君奉祀"八神将"的庙宇之一，也是中国有史记载的最古老的寺庙之一。

阳主庙由山门、门殿、大殿、后殿及两廊房组成。阳主梁王大帝的石像就在大殿中。身着绛色龙衣、手执玉笔的梁王大帝由四个拿着不同兵刃的将军护卫，神情凝重，令人望而生畏。据说，梁王大帝是专管民间水旱瘟疫的神，能保佑风调雨顺，四海升平。

在阳主庙的后殿中，供奉着据说是阳主妻子的四尊女子雕像。传说，四个少女赶海时捡到了一个十分精巧的石人，她们冲着石人的头颈投掷篓子，戏言投中了的那个人要做石人的妻子，不曾想，四个少女全都投中。当天晚上，她们做了相同的梦，梦见石人要迎娶她们做妻子。次日早晨，

阳主庙

34

八仙过海雕塑

家人发现四个少女已全都死去。

　　为了祈求阳主能够普降甘霖，恩泽世人，人们便雕刻了四个少女的雕像供奉在阳主庙里，让她们以妻子的身份陪伴着阳主。

## 千层逐浪翻，苍梧海上山

　　蓬莱胜景甲人间，美景奇闻任畅谈。

　　蓬莱，自古就是仙境的代名词。古老的《山海经·海内北经》中就记载有"蓬莱山在海中"。相传，蓬莱是海上的一座仙岛，那里风景优美，四季如春，云雾缭绕，仙乐齐鸣，是古代帝王和文人骚客梦想的极乐之地。

　　如今，蓬莱已成为烟台代管的一个县级市。它依旧带着古老的气息，向人们展示着不可名状的奇幻之美。

## 八仙显神通

　　蓬莱素来与仙相关。相传有一次，

蓬莱美景

八仙在蓬莱聚会饮酒。酒至酣时，铁拐李提议乘兴到海上一游，众仙齐声应和，并言定各凭道法渡海，不得乘舟。

汉钟离率先把大芭蕉扇往海里一扔，袒胸露腹仰躺在扇子上，向远处漂去。何仙姑将荷花往水中一抛，顿时红光万道，仙姑伫立荷花之上，随波漂游。随后，吕洞宾、张果老、曹国舅、铁拐李、韩湘子、蓝采和也纷纷将各自的宝物抛入水中，各显神通，游向东海。

八仙的举动惊动了龙宫，东海龙王率虾兵蟹将出海观望，言语间与八仙发生了冲突。东海龙王乘八仙不备，将蓝采和擒入龙宫。七仙大怒，同东、西、南、北四海龙王激战起来。这时，南海观音菩萨恰好经过，喝住双方，并出面调停。直至东海龙王释放蓝采和，双方才罢战。

虽然这只是一个传说，但八仙潇洒的性情和勇敢的精神却给中国文化留下了浓墨重彩的一笔。时至今日，人们仍常会用到"八仙过海——各显神通"这个歇后语，而八仙的存在，也为蓬莱增添了一份别样的趣味。

## 琼阁入半霞

蓬莱阁始建于宋朝嘉祐六年（1061），坐落于丹崖极顶。整个蓬莱阁楼高15米，坐北面南，阁上四周环以明廊，可供游人登临远眺。

在阁楼中间悬挂着一块金字匾额，上有"蓬莱阁"三个大字，字体苍劲，乃是清代书法家铁保的手书，阁楼两侧挂有历代名流的题诗。在蓬莱阁下，有一座结构精美、造型奇特的桥，名为"仙人桥"，据说当年"八仙"就是在这里下海，并留下千古传说的。

高踞在丹崖极顶的蓬莱阁，下方是峭壁悬崖，令人望而生畏。峭壁倒挂在碧波之上，在无际水波中投射出奇绝的景象。在蓬莱阁上环顾四周，奇幻的山水、迷蒙的雾气以及辉映在水面的万道霞光可尽收眼底。站在蓬莱阁上，回味秦始皇寻药访仙的奇妙故事，遥想八仙过海的壮丽画面，吟咏古代墨客骚人留下的辞章佳句，让人不觉心醉神迷，满是诗情画意之感。

现代诗人李祚忠的《蓬莱远眺》吟道："人间仙境是蓬莱，远道而来景自开。碧海平明无幻影，丹崖山外起楼台。"相信凡是到过蓬莱阁的人，不仅能亲眼看到耸入烟霞的琼楼玉宇，更能切实体味到其背后蕴藏的文化魅力。

## 绚烂蜃中楼

春夏之交，如果你站在蓬莱阁上遥望大海，运气好的话，就能在海面上看见一幅幅如神笔勾勒的"水墨画"。这些"画卷"中显现的景物千姿百态，变幻莫测，美不胜收。在胶东半岛的蓬莱、长岛等地，时不时会出现这种幻若仙境的美景。古人将其归因于蛟龙之属的蜃，认为其吐气而成楼台城郭，故称之为蜃楼。

海市蜃楼自古就为世人所关注。在我国古代，帝王们都把海市蜃楼看成仙境存在的明证。他们相信，除了人间，还有一个可以长生不老、永享极乐的彼岸世界，因而引出了许多关于寻仙的古老传说。

皇帝们所关注的是仙境的存在与否，古代浪漫的文人骚客则更多地把海市蜃楼视为可望而不可即的胜境，并写出许多诗文来描绘其空灵之美，借此表达自己对于理想世界的渴望。

有关蓬莱海市的记载，最详实者当推宋人沈括的《梦溪笔谈》。书中写道："登州海中时有云气，如宫室台观、城堞人物、车马冠盖，历历可见，谓之'海市'。或曰蛟蜃之气所为，疑不然也。"登州即今蓬莱。作为一种光学幻景，海市蜃楼不可捉摸的虚幻之美，以及无法言喻的独特魅力，赋予了蓬莱极富特色的神仙文化。

## 刘公奇韵——威海

位于山东半岛东端，三面濒临黄海的威海市，受益于得天独厚的地理条件，城市虽小，却有大美。

在威海，不仅能看到如画的蓝天碧海，观赏到童话世界般的海草房，还能体味到历史与传说交织的奇幻魅力。威海宛如一颗明珠，镶嵌在黄海之滨，熠熠生辉。

威海湾

## 威海之美美于史

威海之美，美在历史的厚重。

有关威海的历史，最早可以追溯到上古。根据出土文物的考证，早在新石器时期，就已有人类在这片土地上繁衍生息。汉初时，威海只是一个名叫"石落村"的偏僻渔村。后来，这个小村子改名为"落柑村"，元代时又改名为"清泉夼"。

由于此地东临黄海，西接烟台，北隔渤海海峡与辽东半岛旅顺口势成犄角，逐渐成为共同拱卫京津的海上门户。明洪武三十一年（1398），取"威震海疆"之意，在此设立威海卫，屯兵驻扎，以防倭寇自海上侵扰。

威海三面环山，口门向东，是天然的不冻良港，也是海防战略要地。为了巩固海防，清政府于1875年在此始建炮台；1888年，水师提督署、水雷营、制造所和水师学堂等机构先后于此建成，海湾南、北两岸和刘公岛、日岛、黄岛等地也修建了多座新炮台。这里这时已成为清政府的海防要塞和北洋水师的基地。

作为北洋水师的诞生地，威海卫见证了血雨腥风。1895年，中日甲午

威海卫之战中被日军鱼雷击中沉没的威远舰

战争中的最后一役——威海卫之战在此爆发，北洋水师终告全军覆没。

1898年，清政府与英国签订了《中英议租威海卫专条》，威海卫沦为殖民地。1930年10月1日，经过长期努力，中英交接威海卫典礼举行，被英国人强行租借32年的中国海港威海卫回归祖国。然而，好景不长，抗日战争爆发后，威海卫自1938年起又被日本侵占长达七年之久。1945年，日本投降，威海卫获得解放，并被命名

北洋水师被俘官兵登陆

为威海卫市。新中国成立后，威海卫市改名为威海市，真正开启了现代化的进程。

## 威海之韵韵于俗

威海之韵，韵在民俗的传承。

当漫步于威海市荣成市港西镇巍巍村时，你会发现自己仿佛走进了一个童话世界。在这里，20多幢带着海风腥咸味的，以石为墙、海草为顶的海草房如同满面风霜的老人，向偶然闯入的游客诠释着历史的记忆。

海草房是世界上最具代表性的生态民居之一，主要分布在我国胶东半岛的威海、烟台、青岛等沿海地带。据考证，从宋代开始，威海一带的渔村就用海草来覆房顶，至今已有1000多年的历史。

海草房的墙面一般使用石块或砖石混合砌成，对于石块的要求比较随意，不求方正。用来苫盖屋顶的是一种特殊的海草——当地俗称海苔。这种生长在浅海中的海草长短不一，打捞上来晒干后，表面会形成一层盐渍，呈灰褐色。晒干的海苔抗潮耐腐，是苫盖屋顶的绝好材料，可让屋内冬暖夏凉。

与海草房紧密相连的是它独具特色的地域文化。据老一辈居民讲，在建海草房之前，要先选定地基，择吉日动工；砌墙基时，要在地基槽的四个角压上元宝或象征元宝的东西，称为"压宝"，以求富裕、吉祥；海草房建成后，要举行"支锅""祭祀""拉席上炕""糊窗、贴窗花、挂门帘"等一系列活动，这些活动无一不体现出人们对幸福生活的向往和企盼。

如今，人们根据海草房的传统特点，在原有的框架基础上，利用现代技术，将海草房改造成既有传统风貌又带有现代元素的海滨别墅。这些玲珑别致的海草房已成为威海独特的文化符号。

海草房

刘公岛

## 威海之奇奇于岛

威海之奇，奇在仙岛的魅力。

之所以说刘公岛是一座奇岛，是因为它能够把传说的缥缈和历史的真实融为一体，将瑰丽的风光与海战的硝烟交织成歌。

刘公岛，海上仙山，世外桃源。

### 海上遇险，刘公恩重

"山不在高，有仙则名"，刘公岛同样如此。

相传古时，一条渔船在海上遭遇了风暴，狂风吹断了桅杆，浪涛打折了船桨，船上的人在风浪中陷入了无际的绝望。几天几夜过去了，风暴依旧没有停下来的迹象，被浪涛拍打的船只在洪波涌起的海面上漂荡。船上的每个人都在心里默默地向神灵祈祷，希望能够躲过这场可怕的灾祸。突然，有人看见不远处似乎有光，那忽明忽暗的光好像一簇希望的火苗，激起了大家求生的欲望。

经过一番齐心协力，终于，船靠在了一个小岛边。人们拖着疲惫的身子走下船，顺着光的方向找到了一个茅草屋。领头的人上前敲了敲门，门开了，一个白胡子老翁走了出来，笑眯眯地问有什么事情。

大家七嘴八舌地表明来意，老翁把他们带进屋子，吩咐自己的老伴儿赶紧烧水做饭。只见那老媪仅从锅中

舀了一碗米，却蒸出了让众人怎么吃
也吃不完的白米饭。吃过饭，船上的
人向二老告辞，并询问老翁姓氏。老
翁告诉众人自己姓刘。人们回到船上，
美美地睡了一觉。

第二天，天朗气清，惠风和畅，
人们再次上岛，想向二老致谢，却怎
么也找不到昨晚的那个草房了。这时，
大家才恍然大悟，原来是遇上了神仙。

后来，为了感念刘公的救命之情，
众人在岛上修建了庙宇。随着往来船
夫的供奉，刘公庙的名声越来越大，
这座美丽的小岛也就被称为"刘公岛"
了。

## 见证辉煌的古迹

1888 年，清政府建立北洋水师，
将作为北洋水师指挥机关的提督署设
置在刘公岛上。从此，这座岛便和中
国近代史紧密相连。

北洋水师提督衙门，又称"北洋
海军提督署"，是一座砖木结构的古
建筑群，占地约 1 万平方米。整个衙
门坐北朝南，沿中轴线有三进院落，
依前后顺序分为议事厅、宴会厅和祭
把厅，东、西跨院间有长廊贯通。整
个建筑飞檐画栋，雄伟壮观。

为了建设具有专业知识和综合能
力的水师，清政府还于 1890 年在刘公

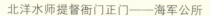
北洋水师提督衙门正门——海军公所

岛建立了水师学堂。同年，水师学堂开学，共配有"敏捷""康济""威远""海镜"四艘练船，供教学用。至中日甲午战争刘公岛陷落，水师学堂共开办四年，为清政府培养了大批军事人才。

如今的刘公岛上，依旧保存着水师学堂的东、西辕门，照壁，小戏台和马厩等。这是目前国内唯一一处有迹可循的清代水师学堂旧址。

## 水师虽败，英魂犹在

不论是提督衙门还是水师学堂，都以其自身顽强的存在诉说着它们曾经的辉煌。1894年，中日甲午战争爆发，北洋水师与日寇在黄海激战，后北洋水师全军覆没，时任北洋水师提督的丁汝昌也以身殉国。然而，丁汝昌的事迹并没有随着时间的流逝而被人遗忘。刘公岛提督衙门外西南200米处的丁汝昌寓所，如今经常有人前来参观和瞻仰。

建于1888年的丁汝昌寓所面积颇大，整个建筑由前花园、寓所和后花园三部分组成。在前花园内，矗立着一尊高3.85米的丁汝昌铜像。他手捧兵书，面朝大海，好像在思索着应该怎样驾驭这支新式舰队。

在黄海海战中阵亡的众多将士同样不容忘却。在刘公岛"北洋海军将士纪念馆"中，有一面镌刻着近600位北洋水师将士姓名和职衔的名录墙。墙面长达18.88米，刻在上面的每一个名字，都代表着一条曾经鲜活的生命和一个用鲜血书写成的故事。

丁汝昌铜像

## 山海之城——青岛

青岛这座山海之城，满载海洋印记。这里有石老人的传说、琴女的传奇，有田横岛的沧桑，还有精巧的栈桥和天后宫，自然景观与人文印记相映生辉。

### 青色印记

"青岛"原本指的是胶州湾海口北侧的一座面积仅有 0.024 平方千米的小岛。民国《胶澳志》中明确记载："青岛，在青岛湾内距岸不足一海里"，因"山岩耸秀，林木蓊蒨"，得名"青岛"。

明万历七年（1579），即墨县令许铤在《地方事宜议·海防》中写道："本县东南滨海，即中国东界，望之了无津涯，惟岛屿罗峙其间。岛之可人居者，

红瓦绿树，碧海蓝天——青岛滨海风光

栈桥和小青岛隔海相望

曰青，曰福，曰管……"这里的"青"，即指青岛，可见，当时的青岛已是有人居住的小岛。

1891年，清廷决定在胶澳（今青岛市区）设防。1897年，德国派兵侵占了胶澳。1914年，日本取代德国侵占胶澳，进行军事殖民统治。1922年，中国从日本人手中收回了胶澳租借地，定名为"胶澳商埠"；同年11月颁布《胶澳商埠章程及青岛市施行自治制令》，这是目前可见的有关"青岛市"之名的最早记载。1929年，胶澳商埠局撤销，原胶澳商埠的辖区被命名为青岛特别市，"青岛"之名遂传播开来。

## 韵致天成

青岛有着得天独厚的自然景观，无论是小青岛、石老人还是田横岛，都不知不觉沾染了传说的奇幻、历史的沧桑和民俗的魅力。

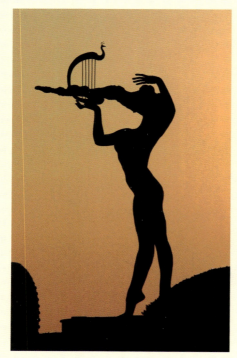

暮色下的琴女雕像

## 小青岛琴音

小青岛位于栈桥东南海面约 1 千米处，东边有 1900 年德军建造的长堤与陆地相通，当地居民称之为"小青岛"。从空中俯瞰，这座小岛宛如一把古琴横卧海面，因此又被称为"琴岛"。

相传很久以前，天上有一位爱弹琴的美丽仙女，她爱上了一个打鱼的小伙子，悄悄来到人间，并与小伙子结成夫妻。婚后两人过着幸福的生活，每当丈夫出海打鱼时，琴女便会坐在小岛上为丈夫弹琴。好景不长，玉皇大帝得知了这个消息，派来天兵天将，要捉琴女回去。为了能够永久地守候在丈夫身边，琴女在小岛上自杀身亡。

如今，一座"琴女"雕像被置于小岛南部的广场上。她手举箜篌，面朝大海，目光中既有甜蜜的温柔，又有淡淡的忧伤。

## 石老人守望

在在崂山脚下的石老人国家旅游度假区中，距离岸边约 100 米处有一座 17 米高的石柱，从远处看，颇像一位老人坐在碧波之中，那便是"石老人"。

相传，在崂山脚下有一位勤劳、善良的老公公，和美丽聪明的女儿相依为命。一天，龙太子垂涎少女美色，把她抢进了龙宫。失去了女儿的老公公伤心至极，日夜在海边呼唤女儿的名字，任凭风吹雨打，潮涨潮退。

为了解决麻烦，龙王施法将老人变成了石头。被强占的少女得知父亲

徐悲鸿油画《田横五百士》

变成石头的消息，不顾一切地冲出龙宫，向已经变成石头的父亲奔去。就在她跑到崂山脚下的时候，龙王又施法，将少女变成了一块巨大的礁石，人们称之为"女儿岛"。在变成礁石的一刹那，她头上戴的鲜花被海风吹散，落到周围的岛上，长门岩、大管岛上顿时鲜花遍地。

父女俩双双变为岩石，在旭日晚霞和潮涨潮落的变幻中遥相守望，令人望之动容。

## 田横岛祭海

位于青岛市即墨东部海域横门湾中的田横岛，总面积约1.46平方千米，海岸线长约8千米。这里气候宜人，景色旖旎，更有忠烈的传说和独特的民俗。

秦末汉初，华夏中原狼烟四起。刘邦手下有个大将名叫韩信。韩信善用兵法，在攻打齐国的时候，将齐王田广杀死。于是，齐相田横自立为王。后因被灌婴所败，田横无奈之下率领500余人退居田横岛。汉高帝五年（前202），刘邦称帝。为了招降已自称齐王的田横，刘邦派遣使臣前往该岛。怎料田横誓死不从，在赴洛阳的途中自刎。田横自刎的消息传回岛上，岛上的 500 余名将士竟集体挥刀殉节，血染小岛。世人感叹田横和五百将士的忠烈，便将小岛命名为"田横岛"。

如今的田横岛，血色已逝，换成了田横祭海节的浓烈色彩。据说，田横祭海节来源于 600 多年前的周戈庄祭海活动，后来逐渐发展成为具有浓郁渔文化、完整原始祭海仪式和庞大规模的民俗盛会。

田横祭海节的祭祀仪式复杂而隆重。祭海前，村民需要准备寿桃、盘龙（当地称圣虫）等多种造型的面馍和作为祭品的三牲。船长们则要请村里德高望重的老人用黄表纸给龙王、海神娘娘（天后）、财神、仙姑、观音菩萨等 5 位神灵各写一份"太平文疏"，向诸神祈求平安丰收。祭海仪式当天，提前准备好的供品一早就被摆在了供桌上。吉时一到，鞭炮齐鸣，香烟缭绕，人们纷纷磕头朝拜，以求风调雨顺。

田横祭海节 2008 年被列入第二批国家级非物质文化遗产名录，每年都以自身的历史和传承向世界展示着别样的东方海洋文化。

## 巧夺天工

除了迷人的自然景观，青岛也不乏人工筑就的精巧建筑，譬如栈桥和天后宫，巍巍立在海滨，成为青岛的别样符号。

田横祭海节上鞭炮齐鸣

## 栈桥回澜

在中山路南端的青岛湾中，有一钢混结构的桥体，仿佛一条苍龙探入海中，这就是青岛的地标式建筑——栈桥。

这座始建于 1892 年的人工码头建筑，全长 440 米，宽 8 米，桥南端建有半圆形的防波堤，是当时清政府唯一一条海上"军火供给线"，足见当时栈桥有着极其重要的军事地位。

1897 年，德军以演习为名武力占领了青岛，后对栈桥进行了改造。第一次世界大战期间，日军为了证明对青岛享有"充分主权"，效仿德军在栈桥上举行了阅兵仪式。1922 年，青岛被中国北洋政府收回后，中国水兵同样在此阅兵，以显示主权的收回。抗日战争期间，栈桥再次被日本占领。新中国成立后，栈桥得到大规模整修。

栈桥所经历的沧桑变化宛如青岛历史的缩影。今天的栈桥早已不再作为军事码头使用，而是已成为青岛的著名景观，散发着独特的蓝色魅力。

## 天后宫神韵

天后宫位于青岛市前海栈桥风景区内太平路 19 号，始建于明成化三年（1467），迄今已有 500 多年的历史，是青岛市区现存最古老的明清砖木结构建筑群。

历史上经历了多次维修扩建的天后宫，供奉的是天后妈祖。天后宫里供奉的妈祖像是目前世界上最大的木雕神像之一。神像由整条樟木雕刻而成，高 2.8 米，并在妈祖故里莆田开光分灵。在妈祖像两边，还有妈祖的护将"千里眼"和"顺风耳"的雕塑，形态庄重，栩栩如生。

栈桥

如果有机会参观天后宫，你会发现，在这里不仅能够感受到明黄色彩带来的威严和肃穆，还可以欣赏到百余件民俗文物，领略到青岛海洋文化的多彩魅力。

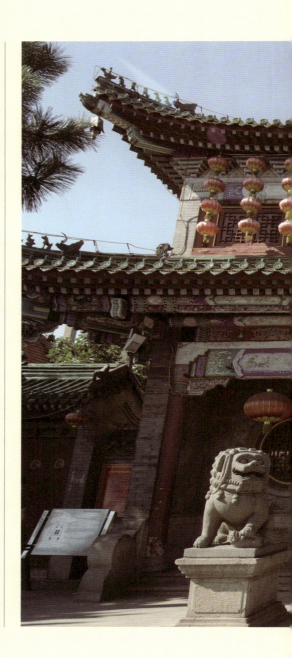

青岛天后宫

普陀山

# 东海篇

位于祖国东部长江口外的广袤东海，既波澜壮阔，又活泼灵动。因此，被东海浸润的海洋文化兼备万种风情。上海的码头号子嘹亮激昂，穿透时空；钱塘江大潮如万马奔腾，气势磅礴；豪迈的渔民号子和充满禅意的普陀山，使舟山到处是海的印记；福建的船政文化是沧浪东海不屈的魂魄；海上丝路从泉州开始，铺展向世界。

# 江风海韵——上海

上海自古便是海上交通要地。上海港商贸发达，海运繁兴。崇明岛、下海庙等海洋景观是东海赋予上海的景致；"海纳百川，有容乃大"，阳春白雪者如海派文化、下里巴人者如码头号子并行发展，是东海赋予上海的胸襟。

## 江海通津，东南都会

上海东临东海，处在长江入海口的冲积平原地带，优越的地理位置和温和的气候条件使上海自古就是理想的筑港所在。

早在西晋以前，吴淞江入海口已有渔业生产和水上军事活动，或为渔

魅力上海

处于苏州河下游河口的外白渡桥，濒临黄浦江，是旧上海的标志性建筑之一

港，或为军港；而作为商港使用，则开始于隋唐时期在此设县立镇。黄浦江尚未形成之前，港口位于吴淞江支流顾会浦通达的华亭镇及吴淞江入海口的青龙镇。

进入宋代后，随着海运贸易的发展与兴盛，停靠在青龙镇的船只数量众多，使得小镇一派生机勃勃。因而，宋代时的青龙镇被称为"江南第一贸易港"。

北宋政和元年（1111），政府在此设市舶提举司，征收关税，管理航运。南宋绍熙四年（1193）至咸淳三年（1267），上海建镇并设置市舶提举分司，成为全国七个水路口岸之一，港口由此易址于上海镇。

随着朝代的更迭和黄浦江的形成，

明代中期时，海轮已经可以通过黄浦江直达城下。清朝康熙年间（1662—1722），为了调整统治策略，发展贸易，康熙帝曾下令开海禁，并在上海设立江海关，使之成为当时中国的四大口岸之一。

乾隆年间（1736—1795），全国除广州港对外开放，其余港口均不允许发展对外贸易。但是，上海港没有就此陷入低谷，而是大力发展交通运输业和内贸业，并逐渐发展成为全国最主要的江海中转枢纽港。作为连接南北海运的重要港口，至鸦片战争前夕，上海港的内贸吞吐量已经雄居中国首位，被称为"江海之通津，东南之都会"。

鸦片战争后，清政府被迫签订《南京条约》。依据条约，上海港于1843年对外开放，成为中国对外开放的五个港口之一。1853年，上海港超过广州港成为全国最大的外贸口岸。

上海港发展的势头随着战争硝烟的弥漫而逐渐减弱。1937年淞沪会战后，日本逐渐控制了上海港。1941年，上海完全沦陷，远东的金融、贸易、航运中心从上海转移到了香港。但战争结束后，上海港重新焕发出了活力，

上海港

到 2010 年时，上海港已成为世界上最大的集装箱港口。

## 悠悠东海，巍巍景观

在上海，繁华的街景让人目不暇接，而浩渺东海所塑造的海洋人文景观同样散发着迷人的魅力。

### 市井中的下海庙

在上海市虹口区，喧闹的市井之中，有一座历经百年沧桑的庙宇——下海庙。

下海庙俗称"夏海义王庙"，始建于清代乾隆年间（1736—1795），是当地居民为祈佑平安而奉祀海神所建的庙宇。

"夏海义王庙"位于下海浦，长江船只入海处。据史料记载，当时，从现在的东大名路至商丘路一带全是渔村，由于渔民百姓崇拜护海海神妈祖，便常常提篮过桥，进庙烧香，以求出海打鱼平安。

后来，这座桥就被命名为"提篮桥"，而正对庙门的马路也被称为"海门路"。

如今的下海庙已经脱离了原本祭祀海神的功用，转而成为上海著名的佛教场所，但这座庙宇的名字依旧体现着东海在这座城市留下的不可磨灭的印记。

## 长江口的崇明岛

地处长江口的崇明岛，是中国第三大岛屿，也是中国最大的沙岛，有"长江门户，东海瀛洲"之美誉。据考证，崇明岛的历史已有 1300 多年。

关于崇明岛的形成，有许多耐人寻味的传说，其中有些颇具神话和传奇色彩。比如，有人说，崇明岛是由神蛤吐气成云，在江中翻腾而成。也有人说，崇明岛本是瀛海中的一座仙岛，岛上终日烟雾缭绕，隐隐有管弦丝竹之声。又有人说，有一得道的大力士砍了芦粟山上的仙竹为蒿，以崇明为舟，驶入了长江口，于是形成了如今的崇明岛。

除了让人心神荡漾的传奇故事，崇明岛上还有三座著名的庙宇：一是寿安寺，二是广福寺，三是寒山寺。三座寺庙都历史悠久，是崇明岛的著名古刹。这三座寺庙屹立在崇明岛上，环境清幽，造型古朴，香客络绎不绝，向世人传递着佛学和禅意，使崇明岛成为不容忽略的佛家胜地。

崇明岛湿地风光

## 阳春白雪，下里巴人

东海既为上海带来了巍巍景观，也造就了上海"海纳百川，有容乃大"的心胸气度。在上海，海派文化、码头号子，阳春白雪、下里巴人并行发展，生机勃勃。

### 海派文化

海派文化融合了江南传统文化与近现代工业文明，开放而又自成一体，是上海特有的文化现象。上海的古朴

张爱玲

上海街头建筑

与繁华、传统与现代、继承与革新，处处可见海派文化的精髓与神韵。

提到海派文化，不得不提的是海派文学。繁荣的老上海在时代的大变革中略显安宁，因而吸引了大批文人。他们描绘老上海的繁华与落败，记录生活的凡俗和琐碎，书写游子的孤独和悲凉。其中最具代表性的便是张爱玲。老上海在张爱玲的笔下既有都市奢靡的气息，又不失古朴的本色，不论是《金锁记》《十八春》，还是《倾城之恋》，都记录着发生在上海的传奇，也彰显着海派文化的精致与繁杂。

海派文化还体现在建筑、音乐、服饰等方方面面。流连于上海街头，会看见许多造型各异的建筑。这些凝固的艺术风格独特，中外合璧，被称为"世界建筑博览会"。此外，上海

还有独具特色的里弄文化。里弄，指的是弄堂、小巷、巷子，是上海特有的民居形式。在四通八达的里弄里，形形色色的人物、五花八门的行当云集，名人故居和名人寓所数不胜数，生动地展现了上海的市井百态，折射出上海这座城市"海纳百川，有容乃大"的特征。

### 码头歌声

在老上海港码头，常有男子雄浑有力的歌声伴随着江风海韵，振聋发聩，这就是劳动者之歌——码头号子。

上海港码头号子是流传于上海的汉族民歌，起源于码头工人劳动时迸发出的声音。在老上海港，码头工人工作繁重。当身体承受重量压迫时，富有节奏和力量的号子有助于减轻痛苦。据在码头工作过的老人说："当年来上海，谁若要想当一名码头工人，首先要学会喊号子。"

上海港码头号子是上海港变迁的见证。自上海港开埠以来，码头号子这种气势雄浑、山呼海啸般的呐喊就萦绕在整个港口。1934年，人民音乐家聂耳在上海港码头体验生活，创作出了脍炙人口的《码头工人歌》。随着码头工作逐渐机械化、自动化，码头工人从苦重的劳动中解放出来，码头号子也就逐渐消失了。

如今，上海港码头号子已经作为我国重要的非物质文化遗产得到了较好的保护和传承，并在世界各地的舞台上迸发出了新的活力和生机。

上海港码头工人

# 潮涌东方——杭州

唐代著名诗人白居易写道："江南忆，最忆是杭州。山寺月中寻桂子，郡亭枕上看潮头。何日更重游。"

杭州的韵味，蕴含在美妙的诗句中，更流淌在它悠久的历史中。海上丝绸之路赋予它醇香的茶文化和精致的丝绸文化；钱塘江大潮波澜壮阔，吸引着世人的目光；捍海塘遗址印证着传说与历史，述说着杭州人的勇敢与智慧。

"天下第一潮"——钱塘江大潮

## 史说杭州

杭州东临东海,地理位置优越,广阔的海洋赋予了这片土地充沛的降水和适宜的温度,为其孕育早期文明奠定了基础。

考古学家发现,早在8000年以前,这里就已有人类繁衍生息。1936年发现的余杭良渚文化遗址表明,在5000多年前,这里就已经形成了人类的早期文明。随着历史演化,这里逐渐形成了城市群落。

相传在夏禹治水的时候,全国共分为九个州,杭州所在的地区被称为"扬州之域"。2000多年前,夏禹南巡,大会诸侯于会稽(今绍兴),曾乘舟航行经过这里。到此地后,大禹舍舟登岸,由于方舟在当时被称作"杭",此地因而得名"余杭"。

秦统一六国后,始皇帝在灵隐山麓设县治,称钱唐,属会稽郡。《史记·秦始皇本纪》中记载:"(秦始皇)三十七年(前210)十月癸丑,始皇出游……过丹阳,至钱唐。临浙江,

良渚博物院展出的玉琮

良渚博物馆展出的石犁

水波恶……"这是史籍中关于"钱唐"之名的最早记载。由"钱唐"改名为"杭州",是在隋朝建立之后。隋开皇九年（589），废郡为州，"杭州"之名由此开始出现。

## 丝绸之路

唐末五代时，杭州作为海上丝绸之路南北航线的交汇点和中转站，开辟了通往高句丽、新罗、日本的海上航线。五代十国时期，杭州一跃成为吴越国的都城，时称"西府"。

从北宋到元朝，杭州一直是东南沿海最大的港口城市之一，设有专门的对外贸易管理机构——市舶司，成

杭州龙井茶园

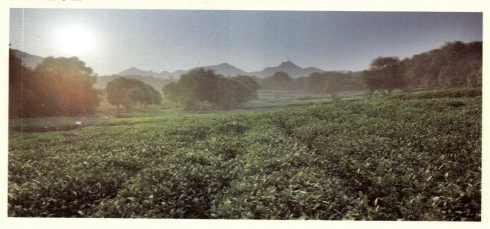

为外来舶货、朝贡品的集中转运港。南宋时，杭州改称临安，成为国都，是当时全国经济、文化最发达的地区。据史料记载，中国历史上最早的外贸仓储于此时出现在这里。

元朝时，杭州与当时东方的最大港口泉州之间设立过"海站"，专门用来转运舶货贡品至大都（今北京）。中世纪西方四大旅行家中的马可·波罗、伊本拔图塔、鄂多立克都曾游历过杭州……

杭州丝绸博物馆内展出的旗袍

古代通过海上丝绸之路所进行的中外贸易中，丝绸、茶、瓷器是三大最重要的商品。杭州盛产茶和丝绸，正与海上丝绸之路相得益彰，由此形成了独特的茶文化和丝绸文化。

据考证，杭州的茶文化起源于宋代。咸淳《临安志》中记有"（临安府）岁贡茶叶"，可见当时杭州的茶叶已成为贡品。不仅如此，当时杭州城内茶肆林立，市井之中饮茶风气也十分盛行。

与茶文化媲美竞妍的是丝绸文化。杭州素有"丝绸之府"的美誉。旧时，杭州城内绸庄鳞次栉比。杭州的丝织品质量非常之好，唐代诗人白居易在其《杭州春望》一诗中便提到了柿蒂花纹的精巧绫布："红袖织绫夸柿蒂，青旗沽酒趁梨花。"

## 潮涌东方

杭州粗犷的一面，被钱塘江大潮表现得淋漓尽致。

钱塘江大潮是世界三大涌潮之一。是天体引力和地球自转的离心作用，加上杭州湾的喇叭口特殊地形，共同造就了波澜壮阔的钱塘江大潮。

每年农历八月十八，钱塘江大潮最为壮观，这便是闻名海内外的"钱江秋涛"。观秋潮的风俗始于汉魏，盛于唐宋，至今已有两千余年的历史。农历八月十八前后几天，路上车如水流，人如潮涌。北宋诗人潘阆在其《酒泉子·长忆观潮》中写道："长忆观潮，满郭人争江上望。来疑沧海尽成空，万面鼓声中。弄潮儿向涛头立，手把红旗旗不湿。别来几向梦中看，梦觉尚心寒。"令人足可想见当年观潮之场面。

钱塘江大潮波浪相连，有如狂澜横在眼前，潮头由远处飞驰而来，伴着轰隆巨响，喷珠溅玉，势如万马奔腾。唐代诗人刘禹锡曾这样形容钱塘江大潮的雄浑之势："八月涛声吼地来，头高数丈触山回。须臾却入海门去，卷起沙堆似雪堆。"

钱塘江大潮的波澜壮阔赋予了杭州别样的风采，同时也让人联想到人生中遇到的困难，以及面对困难的心境。宋代大文豪苏轼就曾在《观浙江涛》中，将涌潮与人生紧密相连，表达自己的豁达心境："八月十八潮，壮观天下无。鲲鹏水击三千里，组练长驱十万夫。红旗青盖互明灭，黑沙白浪相吞屠。人生会合古难必，此情

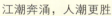
江潮奔涌，人潮更胜

此景那两得。愿君闻此添蜡烛，门外白袍如立鹄。"

## 捍海塘遗址

海潮虽然具备恢弘的气势，形成了令人震撼的景观，但肆虐起来，也会为人们的生活带来巨大的威胁。为了抵御海潮，捍海塘应运而生。捍海塘，又称"海塘"，是人工修建用以挡潮防浪的堤坝。

吴越捍海塘遗址

捍海塘的一大代表便是"2014年杭州考古四大发现之一"的五代吴越国的捍海塘遗址。遗址位于杭州市上城区江城路以东，距临安城东城墙遗址东侧约80米。整个遗址面积约450平方米，深约7米，是我国迄今为止发现的最古老的捍海塘遗址。

这座捍海塘遗址的发现，让人不禁想起流传在钱塘江畔的传说——"钱王射潮"。相传，五代时，钱塘江潮水肆虐侵袭吴越国都西府（今杭州），百姓苦不堪言。为了解救百姓，吴越国王钱镠命人造箭三千，招募弩手五百，以射涛头，终于使"潮回钱塘，东趋西陵"。

这个传说其实夹杂着历史的痕迹。据史料记载，五代时，钱塘江潮水凶猛，传统的土塘根本无法抵御海潮。根据《钱氏家乘》记载，面对这一情况，吴越王钱镠说："溯自唐贞观以前，居民修筑，不费官帑，塘堤不固，易于崩坍……自秦望山东南十八堡，数千万亩田地，悉成江面。民不堪命，群诉于臣。"为了修筑更为坚固的捍海塘，保护国土与百姓，钱王一改传统的土制海塘，转而以竹木为桩，中间用巨石填充，并利用榫铆结构和梯形结构将其垒置成堤，阻挡海潮侵袭。此项工程建成后，海岸附近的田地免于水患，百姓得以生息。

北宋中期，捍海塘所处之地成为陆地，捍海塘完全废弃，并最终湮没在历史的尘埃中。

捍海塘遗址的发现不仅对研究唐

钱王射潮雕像

五代土木工程技术和捍海塘修筑技术有重要价值，同时也向人们展示了古代杭州人面对海潮时的智慧和勇敢，彰显出杭州同海洋的密切关系。

## 千岛之城——舟山

舟山群岛

马岙镇原始村民生活状态复原

岛是城，海是街，大大小小的岛屿星罗棋布，蔚蓝的东海之水如同一条丝带，将舟山群岛串联起来。这，就是舟山。

千岛之城的奇妙景致、雄浑激越的渔民号子、满载禅意的普陀圣地、屹立如初的花鸟灯塔，这一切，构成了舟山的精髓。

## 群岛之城

早在5000多年前的新石器时代，散落在东海上的舟山群岛就出现了人类活动的足迹。经考古学家鉴定，在舟山群岛西北部的马岙镇原始村落遗址，先民们曾在海边堆积的99座土墩上创造了神秘灿烂的"海岛河姆渡文化"。这些土墩每座面积达四五百平方米。据分析，它们可能是海岛先民为了防止潮水侵袭和野兽攻击而建，也有可能是用来种植粮食的。马岙遗址被誉为"东海第一村"，已成为舟山的文化名片。

春秋时，舟山属越，因在甬江之东而被称为"甬东"，由于地理环境的原因，又被喻称为"海中洲"。海上丝绸之路开通之后，这里成为重要的海运中转地。唐开元二十六年

（738），在此置县；清康熙二十六年（1687），再次设县，更名为"定海县"。相传康熙帝曾专为此地题写了"定海县"匾额。

1987年，经国务院审批，舟山市成立，成为当时中国唯一一个以群岛建制的地级市。舟山市的成立，不但改写了舟山群岛的发展历史，也给大小各异的岛屿带来了崭新的发展机遇。

## 舟山之"舟"

舟山既有得天独厚的海洋资源，又孕育了多姿多彩、特色鲜明的船文化。

船文化在中国起源较早。最初的船均为木船。时至今日，随着木质材料被钢质材料取代，许多木船作坊转产，传统的木船造船技术逐渐衰落。但舟山的岑氏木船作坊仍坚守着祖业，已打造木帆船逾千艘。岑氏木船作坊由岑明锡于1900年创建，至今已历经四代。其发扬光大始于20世纪80年代，以建造"绿眉毛"号仿古船为标志。

"绿眉毛"的船体与船头眼睛上的一道绿色眉毛相配，使整条船看上去如同一只水鸟，由此被称为"绿眉毛"。历史上，"绿眉毛"传统帆船是浙江商人开发海洋商贸时的重要用船。这样的航海传统一直延续到20世纪70年代。之后，"绿眉毛"传统帆船走向衰落。

岑氏木船作坊运用中华传统高超的木帆船建造工艺，重建了"绿眉毛"，后来又打造出大型仿古木帆船20余艘、各类船模100余种。

"绿眉毛"帆船

2008 年，岑氏作坊造船工艺被列入第二批国家级非物质文化遗产保护名录，第四代传人岑国和被授予省级非物质文化遗产继承人称号。

## 海天佛国普陀山

普陀山位于舟山群岛东部海域，与沈家门渔港隔海相望，是舟山群岛众多岛屿中的一个。这里是古人眼中的神圣之地，"海上有仙山，山在虚无飘渺间"的诗句营造了海中之山的神秘魅力；这里是"海天佛国""南海圣境"，"经声佛号唤回苦海迷航人"的联语烘托着善男信女皈依的天堂。

普陀山与宗教的密切关系由来已久，作为观音道场，则初创于唐代。彼时，海上丝绸之路兴起，普陀山成为中国与日本、朝鲜半岛、东南亚交流的通道。交流的频繁，为道场形成提供了便利条件。

关于普陀山与观音，民间流传着许多传说。相传，唐大中年间（847—860），有梵僧来普陀山礼佛，在潮音洞目睹观音示现，普陀山由此与佛教结缘。又有传说，唐咸通四年（863），日本僧人惠谔法师从五台山请观音像

普陀山南海观音像

回国，途经普陀山海面时，船体触礁，行程受阻，便在潮音洞登岸，等待风平浪静。然而，一连两天，海风肆虐，波浪滔天，无法启程。等到第三天，风浪稍小，而惠谔打算带着观音像继续行程，谁知刚要开船，立时阴云密布，浪涛涌起。而惠谔法师认为这是观音不愿东去，便将佛像留在民宅中供奉，观音道场自此开始，而惠谔也成为普陀山的开山祖师。这段精彩的故事现在以浮雕壁画的形式印刻在"不肯去观音院"的墙壁上。每一位

来到这里的人，都能从栩栩如生的雕刻中感受当时的情景，体味其中的韵味。

宋元两代是普陀山佛教迅猛发展的时期。宋乾德五年（967），赵匡胤派内侍王贵到普陀进香，开启了朝廷到普陀降香的惯例。到了元丰三年（1080），朝廷又赏赐银两修建宝陀观音寺。此外，当时经由海上丝绸之路来中国经商、朝贡的日本人和朝鲜人，也在此地进香礼佛，使普陀山不仅在国内成为佛教圣地，在海外也开始享有盛名。绍兴元年（1131），朝廷下旨，令原本住在这里打鱼的700多渔户全部迁出普陀，此后，普陀山完全成为佛教净土。嘉定七年（1214），朝廷指定普陀山为专门供奉观音菩萨的道场，使普陀山与五台山、峨眉山、九华山齐名，成为我国四大佛教名山之一。

## 绚丽多姿嵊泗列岛

嵊泗列岛安卧海上，既有神奇梦幻的传说，又有曾经历炮火洗礼的花鸟灯塔。

嵊泗列岛中的小岛

## 传奇嵊泗列岛

在嵊泗列岛流传着这样一个传说：相传，东海上曾经有座东京城，城市美丽而繁华，生活在那里的渔民们享受着海洋的恩赐，日子过得可美了。

然而，东京城里的土皇帝却是个昏淫的暴君。为了强娶东海龙王的女儿琼莲公主为妾，土皇帝禁止渔民下海打鱼，还强迫渔民燃火煮海，企图以此来逼迫东海龙王就范。

东海龙王怒火冲天，决意要严惩这个土皇帝，便命令驮岛的鳌鱼侧转鳌背，覆东海之水淹塌东京城。琼莲公主得知父王要报复土皇帝，为了保护无辜的百姓免遭灾难，化身为渔姑上岸进城。她把东京城将要被淹没的消息告诉给了一个卖鱼的小伙子。小伙子听说后，立即带领老母亲和乡亲们向东京城外奔逃。

狂烈的暴风推着海潮汹涌而来，卖鱼郎母子和乡亲们一路狂奔，终于死里逃生。他们身后的东京城则逐渐塌陷，最终被完全淹没了。土皇帝和那些助纣为虐的大臣全都被海水夺去了性命，繁华一时的东京城永远消失在了大海中。

令人惊奇的是，那些原本供逃难的人们歇脚的山巅，突然变成了高低起伏、大小不一的海中绿岛。为了纪念琼莲公主的恩情，人们便取东海龙宫之意，将这些岛屿命名为"嵊泗列岛"。

## 花鸟灯塔

在嵊泗列岛中，有一座形似飞鸟的岛屿，岛上鲜花种类繁多、香气四溢，因而被人们亲切地称为"花鸟岛"。

中国邮政发行的花鸟山灯塔邮票

有着"远东第一灯塔"之称的花鸟灯塔就坐落在花鸟岛西北角的山嘴上。

清朝末年，随着上海、宁波等港口相继开埠，通往日本及太平洋的航线日益繁忙。由于花鸟岛处于这些航线的必经之地，地理位置十分重要，而附近的岛礁又很多，给航行带来了许多不便。为了解决这一问题，清朝海关海务科便筹划在这里修建灯塔，最终利用英国的资金雇请上海的劳工，于1870年大功告成。

由于灯塔的建设资金主要来自英国，因此灯塔建成后便归英国管理。1943年，侵华日军夺取了灯塔的管理权。为了扰乱日军的作战计划，国民政府派飞机对灯塔进行轰炸，使花鸟灯塔在炮火中受损。1950年，花鸟灯塔被中国人民解放军收回。

花鸟灯塔高16.5米，塔身呈圆柱形，其建筑和装饰均属欧式风格。灯塔内部由四层楼面组成，并配有十分齐全的导航方式。雾天时，灯塔还提供近距离声波导航。这里有中国传音最远的气雾喇叭。由于气雾喇叭发出的声音像牛的叫声，因此又被俗称为"老黄牛"。

如今的花鸟灯塔依旧屹立在花鸟岛上，为远行和归来的船只引航。

夜色中的花鸟灯塔

# 海定波宁——宁波

宁波夜景

安静的河流把宁波塑造成一座典型的江南水乡城市，宽广的东海则赋予宁波天然的海港。百年外滩、天封塔记录着历史的铿锵足音，石浦古城诉说着独特的渔家文化，"开洋节"与"谢洋节"并举，祈福又庆丰。

## "海定则波宁"

宁波历史悠久，地理位置优越。据这里的河姆渡文化遗迹推测，早在

7000多年前，宁波所在的宁绍平原东部已经有人类活动，且其文明已发展到了一定的水平。

有关宁波的记载，最早可追溯到夏朝。当时，宁波这片区域被称为"鄞"。夏商灭，周朝兴，据说由于鄞县、奉化两地县境上的山峰形状酷似古代的覆钟，这一地区因而被称为"甬"地。

春秋时，宁波所属地区为越国管辖。越王勾践曾于今慈城镇境内建句

章城——这是宁波境内最早的城池。

唐代是宁波城市发展的重要时期。在唐代，宁波正式建制，宁波的市域范围也得到确立。唐代的许多地名和建筑名称至今仍在沿用。唐开元二十六年（738），属于越州的今宁波地区被分出，称为明州。长庆元年（821），明州州治迁到三江口，并筑内城，这标志着宁波建城之始，在宁波市的发展历程中具有里程碑式的意义。与此同时，宁波港逐渐成为全国主要的对外贸易港口，经济、文化逐渐繁荣起来。

明洪武十四年（1381），为避国号讳，朱元璋采纳鄞县文人单仲友的建议，取"海定则波宁"之意，将明州府改名为"宁波府"，这便是"宁波"这一地名的由来。

## 老外滩风云

提起外滩，大家首先想到的想必是上海外滩。殊不知，上海外滩并不是中国最早的外滩。宁波外滩作为中国历史上最早的外滩，比上海外滩还要早约 20 年。

宁波老外滩于 1844 年开埠，地处宁波市中心，位于甬江、奉化江和余姚江的三江汇流之地，自唐宋以来就是最繁华的港口之一，也是进入宁波古城的门户。

唐代时，宁波港成为海上丝绸之

宁波外滩

宁波港

路的起点之一。到南宋时，宁波港成为中国三大港口之一。为了管理繁杂的对外贸易事项，朝廷在宁波港设立市舶司。清朝时，在闭关自守的对外政策下，宁波却一直与日本、南洋等地保持着贸易往来。清代实行全面闭关时，宁波被确定为保留对外贸易的唯一港口，这种特殊地位保持了近40年。正是得益于此，宁波港在清朝时依旧繁华。

第一次鸦片战争后，1842年，清政府被迫签订了《南京条约》，宁波成为五个通商口岸之一。各国商人蜂拥而至，宁波港逐渐沦为半殖民地性质的港口。1844年，宁波港正式开埠，

不久，三江口成为欧美商船云集之地，其北岸则发展成中国最早的"租界"之一，在历史上被称为"外滩"。据说，当时的外滩马路宽敞，商铺林立，车水马龙，客货川流不息。后来，随着上海口岸崛起，宁波口岸的地位逐渐削弱，宁波外滩也逐渐归于沉寂。

2005年，宁波老外滩重新开埠。如今的老外滩不仅保存了历史的废墟残垣，更推陈出新，发展了现代化的商业街区。在这里，人们不仅能看到屹立百年的古老建筑，也能感受到新时代跳动的脉搏。

## 天封塔传说

"天封塔，十八格，唐朝造起天封塔，沙泥堆聚积成塔，鲁班师傅会呆煞。"这首朗朗上口、充满趣味的童谣，形象地说明了宁波天封塔的工艺之精妙。

天封塔是江南特有的阁楼式砖木结构塔，玲珑精巧，古朴庄重。在古代，天封塔是宁波这座港城的重要标志，也是江海通航的水运航标，更是海上丝绸之路的重要文化遗存。

天封塔

天封塔塔檐一角

关于天封塔，有一段有趣的传说。相传，镇海招宝山外有一条鳌鱼精，经常在海中兴风作浪。一天，四明山的一位老石匠偶然在山顶发现了一颗闪着金光的宝石。为了惩治鳌鱼精，老石匠历经七七四十九天，将宝石雕琢成了一颗具有神力的宝珠。

就在宝珠成形的那天，鳌鱼精掀起层层巨浪，企图淹没宁波城。在这千钧一发之际，老石匠手中的宝珠突然散发出如宝剑一样锋利的光芒，刺穿了正在兴风作浪的鳌鱼精。鳌鱼精死后，顿时就风平浪静了。

为了将这颗宝珠保存起来，老石匠决定在宁波城中心造一座塔。人们听说后纷纷前来帮忙，木塔很快就造好了，这颗宝珠被人们供在了塔的最高层，成为宁波的镇邪法宝。

由于这座塔始建于武周天册万岁（695）至万岁登封（696）年间，人们便称它为"天封塔"。

## 石浦渔风

石浦是宁波的重要渔港、商港和军港。由于港口的兴盛，石浦的渔文化也得到了长足的发展。作为中国最早的海洋渔业发祥地之一，石浦港历史悠久，早在秦汉时就有先民在此靠海而居，繁衍生息。唐宋时期，石浦成为远近闻名的渔商埠和海防要塞。石浦因渔而兴港，又因港而兴渔。

如今，拥有600余年历史的古城墙依然傲然屹立，明代抗倭官兵留下的"摩崖石刻"仍在讲述着过往的沧桑，金山旅馆也还提醒着人们当年聂耳等30多人在此拍摄了我国第一部在国际上获奖的有声影片《渔光曲》……

石浦古城的地理环境很有特色。沿山而筑、依山傍海的石浦古城，一端是渔港，一端藏在山间谷地，被人称之为"城在港上，山在城中"。古城中，老街横纵交错。至今仍完整保留的碗行街、福建街、中街和后街这四条老街交织书写着古城的历史。沿着老街漫步，追寻渔港先人留下的足迹，自会感受到浓浓的渔家风情。

石浦古城内的老街

## 祈福庆丰

海洋是宽厚的，赋予生活在海滨的人们丰饶的物产；海洋又是残酷的，惊涛与巨澜时不时威胁着人们的生产生活。因而，人们对海洋既感恩又敬畏。于是，沿海人民虔诚地向海洋献祭，以求四海平安，以庆四季丰收。在宁波市象山县，渔民们就以"开洋节"与"谢洋节"来祈福庆丰。

"开洋节"的祭祀时间在农历三月十五至三月二十三之间的涨潮时分，之所以选择这样的时刻，是因为渔民们希望财富能够随着潮水滚滚而来。祭祀的地点一般定在妈祖庙。祭祀时，主祭人先在庙里供奉天地神祇。

吉时到，红烛烧，上香，众人跪拜。之后请"菩萨"上船，以保佑船行平安、大获丰收。为了增加热闹的气氛，渔民们还会请民间文艺表演队表演"出洋戏"，使村子在整个庙会期间一派祥和喜庆。

待到黄鱼汛期结束，渔船平安地满载而归时，就到了"谢洋节"。为了感恩神灵的保佑，感谢大海的恩赐，妈祖庙里会连续七天上演"谢洋戏"或"还愿戏"，锣鼓喧天，热闹非凡。

"开洋节"和"谢洋节"如今既是象山百姓的传统民俗活动，更已成为象山县一道靓丽的风景线。

渔民祈福庆丰

# 船政之都——福州

福州城市风光

福州坐落在东南沿海，吟唱着婉转悠扬的东海之歌。昙石山文化遗址、船政文化、镇海楼……无不将东海与福州的交响传唱至今。

## 历史上的福州城

"青山依旧在，几度夕阳红。"

福州历史悠久，底蕴丰厚。早在汉高帝五年（前202），福州所在之地就已建成了初具规模的城市。有着2200多年历史的福州城，如今是享誉海内外的国家历史文化名城。

三国时期，因地理位置优越，福州成为东吴的造船中心之一。这为福州后来的船政文化的发展奠定了深厚基础。晋太康年间（280—289），晋安郡太守严高修筑福州子城，是后世福州城的雏形。唐开元十三年（725），"因州北有福山"，朝廷将原闽州之地改名为"福州"，此后，这个名字一直沿用至今。宋代时，福州迎来了发展的黄金时期，不但城池规模宏大，人口密集，海外贸易也发展迅速，经济十分繁荣，一跃成为宋朝六大都市之一。

明代时，福州造船业发达，海外贸易兴盛，逐渐成为中国和琉球交往的枢纽。然而，由于地理位置重要，福州也成为倭寇不断骚扰的地区之一。据史料记载，抗倭名将戚继光曾两度入闽平定倭寇，最终凭借威猛的大炮和凛然的正气守护了福州的安宁。

鸦片战争之后，作为五个通商口岸之一的福州于1844年正式开埠。如今，福州已成为海峡西岸经济区的政治、经济、文化、科研中心和现代金融服务业中心。

## 昙石山文化遗址

昙石山文化遗址位于福建省闽侯县甘蔗镇昙石村，发现于1954年，距今4000至5500年，是中国东南地区最典型的新石器文化遗存之一。昙石山文化遗址的发现，使淹没在历史尘埃中的先秦闽族文化逐渐被世人所知，把福建的文明史由原来的3000年向前推进了一大步。

昙石山出土的贝丘

出土于昙石山文化遗址的文物中，许多都带有鲜明的海洋印记。双孔或四孔的牡蛎壳铲等用海洋生物制成的生产工具表明，当时这里已经有了精细的生产工具，而且从远古时期起，这里的生产生活就受到了海洋的深刻影响。

在遗址中，考古学家们还发现了大量的居民食用后扔弃的兽骨和海生介壳。这些遗迹生动形象地描绘出了当时当地居民的生活画面，也让我们看到了东海给予福州人民的恩赐。

值得特别重视的是，作为福建的地域文化，昙石山文化与台湾岛的古代文化有一定的联系。因此，研究探索昙石山文化，有助于我们了解两岸古文化的交融，从而促进两岸的文化交流与互动。

## 船政文化

苍苍鼓山，泱泱闽水，山的豪迈与水的雄浑赋予了福州独特的船政文化。

早在三国时期，福州的造船业便已十分发达；到了明清之时，福州更是成为中国造船业的中心。久远的历史让福州船政文化有了根，清末时期的福州船政局则让福州船政文化开了花、结了果。虽然它的辉煌如昙花一现，却在历史上留下了不可磨灭的印记。

## 福州船政局

鸦片战争的坚船利炮，击碎了清王朝"唯我独尊"的春秋大梦，让中国一些有识之士看到了西方工业文明的先进，从而开始重新审视世界。

闽浙总督左宗棠就是这些有识之士中的一个代表性人物。1866年，时任闽浙总督的左宗棠在福州设立福州船政局（又名福建船政局、马尾船政局）。这是中国近代最重要的军舰生产基地，曾被李鸿章称赞为"开山之祖"。在左宗棠之后，继任者沈葆桢苦心经营，终使福州船政局成为当时远东最大的造船厂。

为了培养船政人才，左宗棠高瞻远瞩地建议设立"艺局"；沈葆桢也认为学堂是船政的根本，船政的前途取决于人才培养。在这一理念的指导下，福州船政局建立之初便设立了"求是堂艺局"；此后，艺局被改名为"船政学堂"，成为培养造船工业所需人才的摇篮。

1869年6月，福州船政局制成的第一艘轮船"万年青"号正式下水投入使用。此后的六年里，福州船政局共建造轮船15艘。这15艘轮船代表了当时中国造船业的先进水平，是晚清中国学习西方技术的成功尝试。

然而，在那个时代，福州船政局

福州船政局

在经营的过程中，不可避免地遇到了技术限制和经费短缺等问题。中法战争中，福州船政局遭到法军严重破坏。中日甲午战争后，更是日渐衰落。曾经辉煌一时的福州船政局在多重困境下，最终走向了衰败。

尽管如此，福州船政局还是创造了多项奇迹，展现了中国人民崇尚科学、学以致用、精忠报国、自强不息的民族精神，并给中华民族带来了蓝色的希冀和梦想。

## 船政衙门遗址

福州市马尾区马尾婴豆山下，有一座历经风云变幻的清代建筑，这就是曾经显赫一时的福州船政衙门。

福州船政衙门是清末直属清廷的中央职能部门，是船政领导机构，也是船政钦差大臣及其幕僚办公、议事、休息的场所。

船政衙门前为辕门，树立着两个旗杆，分设中、左、右三个大门；每扇大门均画着巨幅门神，正门上方挂有一只匾，上刻"船政"二字，两侧有副楹联："且慢道见所未见，闻所未闻，即此是格致关头，认真下手处；何以能精益求精，密益求密，定须从鬼神屋漏，仔细扪心来。"这是1867年船政衙门成立之初，时任船政大臣的沈葆桢为了激励广大员工保持勤奋进取、格物致知的态度而亲笔所作的。

如今的船政衙门遗址与中坡炮台、昭忠祠、马江海战烈士墓等历史遗迹

福州马尾船政文化主题公园内的雕塑

共同构成了福州马尾船政文化主题公园。被岁月剥蚀了光辉的船政衙门静静地坐落在公园一角，向来到这里的人们诉说着曾经的辉煌。

## 烟波浩渺镇海楼

屏山之巅，悠悠亭台藏幽情；层云之下，巍巍古楼镇沧海。

位于福州屏山之巅的镇海楼，有着"中国九大名楼"之一的美誉。在苍茫的屏山之上，镇海楼高耸入云，下临浩渺的东海。镇海楼是福州古城的最高楼，始建于明洪武四年（1371）。楼以镇海为名，寓意四海升平。

镇海楼初建时是一座重檐歇山顶的双层城楼，高约 20 米，是当时福州城内最高的建筑物，是正北方向的标志，也是海船夜间入城的航向标。每当五虎门潮水上涨，大船进出江口均以镇海楼为"准望"。即使夜幕初降且雾气笼罩，航海者参照镇海楼方位，也能准确地找到进港的方向。

由于几次被损毁，重修后的镇海楼兼具不同朝代的建筑风格，同时也成为众多文人雅客挥洒诗情画意之地。如今登上镇海楼，俯瞰福州古城的万家灯火，怀想历史的沧海桑田，正合明代诗人林真诗中所述"回首旧时歌舞地，年年春草鹧鸪飞"之意境。

镇海楼

# 宝岛北门——基隆

坐拥"台湾八景"之一"旭冈观日"的基隆，位于台湾岛北端，三面环山，北望东海，被称为"台湾头"。今天的基隆港万商云集、繁华兴旺。其名胜海门天险历尽沧桑，仍在默默守望安康。

## 数度易手

历史悠久的基隆，有一山形似鸡笼倒扣在海边，因此最初被称为"鸡笼"。

明天启六年（1626），西班牙远征队在社寮岛（今和平岛）登陆，并在岛的西南端修筑"圣萨尔瓦多城"，

基隆邮轮码头

拉开了基隆被侵略的屈辱史。明崇祯十五年（1642），荷兰殖民者在台湾北部击败西班牙殖民者，霸占了整个台湾。在其攻占社寮岛后，"圣萨尔多瓦城"被改称"北荷兰"。南明永历二十二年（清康熙七年，1668），郑成功之子郑经率部将荷兰人赶走。

郑经之子郑克塽投清之后，康熙帝于康熙二十三年（1684）将台湾纳

入清朝版图，设立台湾府，对台湾居民进行管理，并给予抚慰政策。到了乾嘉时代（1736—1820），基隆地区人口逐渐繁盛，农渔业并举，经济有了较大发展。晚清风雨飘摇，由于地理位置优越，海路四通八达，且矿产资源丰富，基隆遂成为东西方列强垂涎的宝地。

鸦片战争爆发后，英国于1841年入侵基隆。当时，其双桅炮舰"纳尔不达"号悍然向基隆发起轰击，却被守城参将邱镇功开炮击伤，触礁沉没。台湾军民奋起反击，共击毙英军32人，生俘130人，取得了抵抗英国侵略的第一次胜利。

为了更好地管理台湾，1875年，一代名臣沈葆桢提议，取"基地昌隆"之意，改"鸡笼"为"基隆"，设立基隆厅，巩固海防。清廷采纳了这一极富战略眼光的建议，基隆由此定名。

中日甲午战争失败后，清廷被迫签订《马关条约》，将台湾割让给日本。此后，基隆成为日本的殖民地。在日占期间，基隆建市，成为当时台湾的第四大城市。

1945年10月，国民政府接管台湾，基隆开始了新的发展时期。

## 出海门户

基隆港位于台岛北端，是台湾北部的出海门户。基隆年降雨量多达2900毫米，因此也被称为"雨港"。在台湾，基隆港是仅次于高雄港的第二大港口，集军港、商港、渔港于一身。

基隆港在早期被称为"鸡笼湾"或"鸡笼港"。西班牙殖民者占领台湾时，就曾对此地进行考察，认为这里极具港口价值，并在此进行初步建设。荷兰殖民者夺取此地后，港口建设随之停止。

1886年，台湾第一任巡抚刘铭传在此地进行建港规划，并建成了第一座码头。同年，在《天津条约》的要求下，清政府被迫以淡水附港的名义开放基隆港，对外通商。

日本强占台湾后，考虑到基隆港的战略位置，大兴土木，对基隆港进行重点建设。1899年，启动了为期五年的驻港工程。至1904年，基隆港已被建设成为现代化大港，位居当时台湾的第一大港。第二次世界大战期间，太平洋战争爆发后，基隆港作为当时日本主要的物资吞吐港和海军基地首当其冲，成了美军轰炸的重要目标。一时间，基隆港内的设施受到重创，沉船百余艘，几乎成了废墟。

1945年，台湾光复后，基隆港得以重建，并成为当时台岛最重要的海军基地。重建完成后，基隆港走上了快速发展之路，如今已成为重要的渔港和商港。

现在的基隆港

## 海门天险

在基隆二沙湾的海岸边、中正路民族英雄墓对面的山上，有一座炮台静然虎踞，守卫着港湾。这就是著名的二沙湾炮台，也被称为"海门天险"。

1840年鸦片战争爆发后，英国人觊觎台湾的战略价值，加快了侵占台湾的步伐。时任闽浙总督的邓廷桢认为台湾是中国东南沿海的屏障，命令台湾总兵达洪阿和台湾兵备道姚莹严防南北口岸。为了加强海防，应对英军来犯，姚莹研判地形后，决定在正对港口的二沙湾上构筑炮台。由于地势险要，该炮台又被称为"海门天险"。

1841年，英军侵犯基隆，台湾军民利用二沙湾炮台的有利位置，几次成功将英军抵挡在外，挫败了英军企图占领台湾的野心。1884年中法战争爆发后，二沙湾炮台被毁，仅剩城墙和城门残存。由于二沙湾炮台正对基隆港，战略位置十分突出，因此在战争结束后，刘铭传又重新筑起了两座炮台。日军占领台湾后，二沙湾炮台被列为军事重地。

如今的二沙湾炮台，城门上仍悬挂着已被海风和岁月剥蚀了的"海门天险"石铭，城门内断壁残垣随处可见。重修后的古炮台巍然屹立，提醒着世人莫忘当年的峥嵘岁月。

海门天险

# 丝路遗韵——泉州

蓝蓝泉州湾，青青戴云山，八百里海岸线，满张着希望的风帆。

位于福建省东南部、濒临东海的泉州，古港巍巍，见证了海上丝绸之路的辉煌。蚵壳厝屹立在古城中，成为泉州一抹亮丽的蓝色记忆；洛阳桥横亘在江海上，向世人彰显着泉州人民的智慧。

## 古泉州，老记忆

泉州是著名古港，兴衰自是动人心弦。仅是其名称演变，就能映射出悠悠历史。

### 因港而兴，由港而衰

泉州西靠连绵的戴云山，晋江贯城而过。温和的气候和优越的自然条件为泉州的繁荣发展奠定了基础。据考证，早在新石器时代，闽越族先民就在这里创造了灿烂的史前文明。

夏商两代，今泉州地区属扬州。秦始皇统一六国后，泉州属闽中郡。东汉末至南北朝时，北方烽火连绵，

为了寻求安稳的生活环境，中原的汉族人纷纷通过海陆两路涌入泉州，为泉州带来了先进的生产工具和技术，促进了泉州的发展。

唐朝时，泉州进入兴盛时期。唐朝政府重视发展海外交通贸易。中唐至晚唐，泉州海外交通贸易进一步发展，出现"市井十洲人"的盛况，成为当时世界四大口岸之一。为管理对外贸易，唐政府在泉州设置"参军事"，"掌出使导赞"。

宋代时，泉州造船业和航海业发达，计算各国与我国的海上距离也都是以泉州港为起点。当时泉州的海外贸易空前繁盛，有"涨海声中万国商"的繁荣景象。为了更好地管理海运，北宋元祐二年（1087）朝廷正式在泉州设立福建市舶司，后来又设来远驿，以接待贡使和外商。元朝时，得益于港口优势，泉州经济发达，仍是东南沿海的重要港口城市。

明代时，由于朝廷施行了严厉的"海禁"政策，泉州港的对外贸易受到限制，因港而兴的泉州的社会经济

受到了很大影响。到了清代，在清初战争和海禁、迁界的影响下，泉州的社会经济遭到了严重破坏，港口繁华不再，城市日渐衰败。

## 趣说泉州名

东靠大海的泉州又称 "刺桐城""鲤城"，每个名字背后都是一段历史，铭刻着古城的漫长记忆。

单说"泉州"这个名字就很有趣。据考证，我国在历史上有三个泉州。一个治所在今天津市武清区——据《汉书·地理志》记载，汉代时设置泉州县，但在北魏太平真君七年（446）时，并泉州入雍奴，这个北方的泉州就被历史遗忘了。一个治所在今天的福建福州——《隋书·地理志》载有"陈置闽州，仍废，后又置丰州。平陈，改曰泉州。大业（605—618）初改为闽州。"其后名字多次变动，到唐开元十三年（725），才最终定名为"福州"。另一个就是现在的泉州——《新唐书·地理志》记载，唐景云二年（711），武荣州改名为"泉州"，从此闽南的这片地域就被称为"泉州"。

泉州的别名"刺桐城"也十分有名，它与海上丝绸之路有着千丝万缕的联系。刺桐本是春末夏初开红色花朵的植物，由于当时的泉州满城尽是刺桐，外国商船夏初驶入泉州时，入目皆是红色的刺桐，于是他们就称这里为"刺桐城"。

此外，泉州也被称为"鲤城"，这与泉州历代城市建设演变有关。泉

刺桐

州在唐开元年间已有城墙，五代时其城建为方形。北宋初由于拓城，城的形状肖似葫芦，故又称"葫芦城"。明代时，泉州已是一个有七个城门的大型城池。据乾隆《泉州府志》载，"府治中有衙城，外有子城，又外有罗城，有翼城。……又以形似，名鲤城。"这就是鲤城名称之由来。

## 今泉州，妙处多

海上丝绸之路为泉州带来了经济发展，也带来了多元文化，蚵壳厝和蟳蜅女便是其中代表。

蚵壳厝

### 蚵壳厝

一处遗韵，一种风情。泉州古城内的蚵壳厝，便是海上丝绸之路遗存下来的不能被遗忘的风情。

蚵壳厝是泉州地区一种传统的建筑，设计巧妙而精湛，是东南地区绝无仅有的建筑形式，构成了闽南沿海古民居的一道独特景观。

之所以说蚵壳厝是海上丝绸之路的遗韵，是因为建造蚵壳厝的蚵壳并非泉州原产。据专家考证，此蚵种产于非洲东海岸。当时，泉州是中国对外贸易的重要港口，许多载满丝绸、

瓷器的商船从蟳埔起航，驶往非洲。返航的时候，如果舱内不载货就会重心不稳，不利于航行，于是船员们就将散落在海边的蚵壳装在船上压舱，载来后就堆放在蟳埔海边。元末明初，泉州经常受到倭寇侵扰，先民无力重建新房子，就因地制宜，捡些碎砖石，砌成"出砖入石"的墙，再把海边的蚵壳捡来嵌饰在墙的外侧，这就是早期的蚵壳厝。

蚵壳厝建筑形式独特，不积水，适合海边潮湿气候环境，有很强的实用性。另外，这种蚵壳建成的墙体既厚实又坚固，素有"千年砖、万年蚵"的美誉，据说可以抵挡枪炮的攻击。此外，特殊的取材也使蚵壳厝具有冬暖夏凉的特性。

蚵壳厝不仅实用，而且美观，大面积的灰白色蚵壳与花白色花岗石条、红色砖块相互叠错，构成一幅幅色彩对比鲜明的图案，十分美丽。

## 蟳埔女风采

蟳埔女，与湄洲女、惠安女并称为福建三大渔女。蟳埔女的服饰独特，兼具实用和审美价值。她们上穿"大

蟳埔女头饰

裙衫"，出海时不易被渔网缠住；下着黑色宽脚裤，方便劳动。其头饰俗称"簪花围"，比衣着更具特色，常用素馨花、含笑花、粗糠花等加以点缀。结婚的妇女将头发梳好盘在脑后，绾成一个圆髻，再横着插上发簪，然后把鲜花串成花环，将发簪装饰起来，色彩绚丽，摇曳生姿，展现了蟳埔人的朴素美和对生活的热爱。

据说，蟳埔女的这种独特装扮是受到了阿拉伯人的影响。由于当时海运发达，从阿拉伯地区经由海上丝绸之路来到泉州的阿拉伯人很多。受他们的影响，蟳埔女形成了这种异域风情浓厚的装扮方式，并一直延续至今。

## 江海上的洛阳桥

洛阳桥是我国现存年代最早的跨海大石桥，位于泉州市东郊的泉州湾和洛阳江交汇处，是我国古代四大名桥之一。据乾隆《泉州府志》记载，洛阳桥建于北宋皇祐五年（1053）至嘉祐四年（1059），由时任泉州郡守蔡襄主持修建。

洛阳桥规模宏大，样式美观，历史遗迹众多，具有十分重要的文化价值。在桥的中亭附近，历代碑刻林立，以"万古安澜"等宋代摩崖石刻最为著名；桥北有昭惠庙、真身庵遗址；桥南有蔡襄祠，被誉为书法、记文、雕刻"三绝"的蔡襄《万安桥记》宋碑就立于祠内。

洛阳本是北宋重要城市之名，为何建造于南国之地的桥梁会以洛阳命名呢？据相关资料记载，唐朝初年，北方战争不断，社会动荡，百姓流离失所，生活苦不堪言。为了求得更好的生活，大量的中原人开始向南方迁徙。到达泉州等地的河南人觉得这里的地势很像洛阳，便把这个地方命名为"洛阳"，流经的河流则被称为"洛阳江"，于是建造在上面的石桥当然也就被称为"洛阳桥"了。

洛阳桥

除了"洛阳桥"这个名字，它还被称为"万安桥"。据说当时洛阳江水势很大，"水阔五里，波涛滚滚"，靠船过江的人们经常被大风卷起的潮水吞没。为了求平安，讨吉利，人们把这个渡口称为"万安渡"桥建成后被称为"万安桥"了。

在建造洛阳桥的时候，工匠们创造性地使用了今天被称为"筏形基础"和"种蛎固基法"的先进技术，为促进世界桥梁科学发展作出了重要贡献。

## 峥嵘鹭岛——厦门

"海上花园"——厦门

有一座"海上花园"，它有着坎坷的历史、沧桑的炮台；有着"鹭岛"的传说、万国的建筑；还有着闽台的古镇、"送王船"的习俗；风景美不胜收，富于闽台风味。它，就是位于福建省东南沿海的厦门。

### 坎坷跌宕

厦门地理位置优越，为其发展提供了优良条件，同时却也引来了许多纷争。

## "大厦之门"

历史上的厦门，曾经是一个无人居住的小岛。岛上有人类生存的历史，可以追溯到距今3000多年的新石器时代晚期。据考古学家分析，这里应该是我国南方族群祖先——闽越族人活动比较早的地方。

在历史上，晋太康三年（282），厦门地区首次设置为同安县，后并入南安县。明洪武二十年（1387），在嘉禾里西南端筑"厦门城"，寓意为国家"大厦之门"，"厦门"之名自此问世。最初的厦门城是圆形的，周围425丈，有4个城门，每个城门都筑有城楼，城内驻扎官兵1000多名。入清以后，厦门城一度被毁。康熙二十二年（1683），福建水师提督移驻厦门，重新扩建了厦门城。

最初修建厦门城，主要是为了防御海上倭寇和西方蛮夷之族的侵扰。历史上，戚继光、俞大猷等名将都曾在这里大败倭寇，为国家守住了东南门户。明天启三年（1623），厦门军民曾齐心协力击退荷兰红夷的进攻，这段辉煌的历史至今仍被铭记在鸿山寺和虎溪岩所保存的石刻上。此后，著名爱国将领郑成功将厦门作为经济、政治、军事中心，并以此为据点完成了收复台湾的伟大壮举，使厦门成为举世闻名的城市。

19世纪初，厦门沦为西方殖民者掠卖华工最为猖獗的港口之一，华工的血泪与民族的耻辱被牢牢地印刻在厦门的史册上。20世纪初，革命者积极响应辛亥革命，占领了厦门。而后，在五四运动的影响下，厦门各界掀起

鼓浪屿皓月园中的郑成功立像

了反帝爱国的热潮。十四年抗日战争中，厦门于 1938 年 5 月 21 日沦陷。直到 1949 年中华人民共和国成立，厦门才迎来了新的历史篇章。

## 胡里山炮台

历史上有着"八闽门户、天南锁钥"之称的胡里山炮台，位于厦门岛东南海岬突出部，三面环海。

胡里山炮台始建于 1894 年，于 1896 年竣工，是一个总面积 7 万多平方米，半地堡半城垣式结构的炮台。炮台整体风格独特，既有欧洲建筑特色，又有中国明清时期建筑的神韵。

鸦片战争期间，由于清政府海防薄弱，厦门一度被英军攻陷。如何加强东南海防成为朝廷必须关注的问题。与此同时，西方列强的坚船利炮惊醒了天朝梦中的有识之士，他们掀起了洋务运动，学习西方先进技术，建立海军，巩固国防。风云际会之下，胡里山炮台应运而生。

当时胡里山炮台在海防中发挥着重要的作用。1900 年 8 月间，日军故意纵火烧毁东本愿寺，以此为借口派兵登陆厦门，妄图侵占厦门。消息传到胡里山炮台，守台官兵立即将炮口对准日本领事馆和鼓浪屿海面的日舰。日军慑于大炮的威力，不得不于 8 月 31 日撤兵回舰。

胡里山炮台不仅是保卫厦门、保卫国家的重要设施，同时也见证了中

胡里山炮台景区的克虏伯大炮

美海军第一次和平接触。1907 年，美国太平洋舰队在执行一项和平使命时，访问了日本、菲律宾和中国。当时清政府将这次和平交流的地点确定在了厦门港胡里山炮台，意在在外国人面前一展中国的海防之威。

## 美丽鹭岛

厦门南接漳州，北邻泉州，东南与金门岛隔海相望。在这里，郁郁葱葱、林林总总的高大植物伫立在街道两侧，碧绿的海水、蔚蓝的天空相互映衬，美丽的传说与万国的建筑交相辉映，把整座城市装点成了一座悠闲恬静的花园。

### 白鹭与凤凰木

相传很久以前，厦门只是一个荒芜的小岛。一天，一群白鹭飞过，在这里停脚歇息。领头的白鹭发现这里靠近海边，食物充足，十分适合生存，便决定在这里定居。

为了让自己的家园变得美丽富饶，白鹭们开凿泉眼，种植花草。没多久，原本荒凉的小岛就变了样：清泉潺潺，

厦门白鹭

绿草成茵，鸟语花香，一派生机勃勃。

一直盘踞在东海海底的蛇王得知此事后，想要把小岛占为己有，于是率领众蛇妖前来兴风作浪。面对蛇妖的挑衅，白鹭们没有害怕，齐心协力奋起反击，最终赶走了蛇妖，但领头的白鹭却也倒在了血泊中。

不久，领头白鹭的鲜血洒过的大地上长出了一棵巨大的树。树的叶子像白鹭的翅膀一样美丽，开出的花朵像鲜血一样火红。这种树"叶如飞凰之羽，花若丹凤之冠"，遂得名"凤凰木"。如今，凤凰木已被厦门人民选为市树，与白鹭一起，守护妆扮着厦门这座美丽的"鹭岛"。

## 万国建筑群

位于厦门市鼓浪屿风景区内的万国建筑群，是鼓浪屿中西文化交流的精粹景观。

鸦片战争中清政府战败，被迫签订丧权辱国的《南京条约》，使厦门沦为"五口通商"的城市之一。此后，西方列强蜂拥来到鼓浪屿，抢占风景最美的地方建造别墅、公馆。一时间，风格各异的建筑如雨后春笋般出现在鼓浪屿上。到 20 世纪二三十年代，许多华侨回乡创业，又在鼓浪屿掀起了建造别墅住宅的热潮，短短 15 年内就

八卦楼

建造了 1000 多幢。

鼓浪屿坐拥数不清的中外建筑，既有中国传统的飞檐翘角的庙宇，又有小巧玲珑的日本屋舍；既有 19 世纪欧陆风格的原西方国家领事馆，更有堪称江南古典园林精品的菽庄花园。

在这些建筑中，有一座奇特的建筑十分抢眼，它既暗合传统文化的"阴阳八卦"，又汇聚了国外多种建筑风格。这就是八卦楼。此楼建于 1907 年，总建筑面积 3710 平方米，有 8 道棱线，置于八边形的平台上，顶窗呈四面八方二十四向，故称"八卦楼"。其红色圆顶系模仿世界最古老的伊斯兰建筑——巴勒斯坦阿克萨清真寺的石头房圆顶而来；82 根大圆柱仿照古希腊海拉女神庙的大石柱设计，而柱间平托的石梁和线条也可在希腊雅典广场的赫夫依斯神庙中找到原型。

## 闽台风味

幽雅的地理环境，频繁的对外交流，赋予了厦门异彩纷呈的多元文化，其中给人印象最为突出的，是当地浓郁的闽台风味。

## 闽台古镇

　　厦门的闽台古镇，深藏市井之中。

　　闽台古镇建于清朝康熙年间。"三藩之乱"平定后，清廷为防止厦门被郑成功攻占，下令迁界禁海，并命施琅在古月港海滩上修建城池。由于这座城池是三面临海、一面靠山的半岛，因而被称为"城内"，又被称为"霞城"。

　　古镇占地面积50亩，呈椭圆形，分设东西南北四座城门，各门分别设观音庙、王爷庙、玄天上帝庙和城隍庙等四座庙宇。整座古城地势平坦，古厝密布，环境十分幽静。其"拱

拱辰门

辰门"由施琅将军修建于康熙年间（1662—1722），是厦门迄今唯一保存完好的古城门。正是在这座城门的拱卫下，施琅得以在厦门为清朝驻拱海防八年之久，保得一方平安。

　　除了凝固的历史，闽台风俗也在古镇里散发着迷人的魅力。无论是中秋博饼的激烈与诙谐、城隍庙庙会的繁华与喧嚣，还是妈祖庙里的默祈与诵祷、白蛇乐堂的传说与艺术，无一不彰显着闽台文化的独树一帜与良好传承。

## "送王船"习俗

　　"送王船"是厦门渔港、渔村重要的传统民俗，不但是中国海洋历史文化的重要遗存，也是联系大陆与台湾两岸民众的重要纽带。

　　据史籍记载，"送王船"起源于古代航海者"为禳人船之灾，有放小舟、彩船之举"，大致形成于明代，地方特色十分浓郁。人们将船送给"代巡天府"的王爷，以此来歌颂王爷的丰功伟绩，并祈求风调雨顺、生活幸福。

　　传统的"送王船"有两种形式，

"送王船"

一种被称为"游地河",即把王船放下水,使之随水漂流;另一种则是将王船放在海边用火焚烧,被称为"游天河"。王船都不是真船,而是用绫、纸等材料制成的模型。

　　早期的"送王船"活动规模较小,仪式也很简朴。随着厦门海外交通的发展,仪式越来越复杂,到今天已成为整个地区最为重要的群众性民俗活动之一。现在的"送王船",其流程基本可以分为"迎王""送船""送王"三个步骤,且"送王船"的形式也主要以"游天河"为主。此外,在"送王船"时,舞龙舞狮、腰鼓表演、拍胸舞、木偶戏等极具闽台特色的民俗活动也成为仪式不可缺少的一部分,整个场面可谓热闹非凡。

南澳岛青澳湾风光

# 南海篇

  大美南海。安然静谧之时尽显柔媚，澎湃动荡之时满是雄浑。多彩的潮汕文化在南海之滨得以传承，独特的岭南文化在"羊城"广州尽展风采；融贯中西风格的建筑和流传千年的渔家文化，彰显了澳门与南海的缘分；以船为家、一生漂泊的疍家人，日日在北海牧渔，讲述着古老的故事……凝重的历史、飘逸的传说和多民族的活力，一同构成了天涯海角的壮丽诗篇。

# 潮汕风韵——汕头

"潮有信，海无涯，弄潮人儿天地宽，百川汇海气磅礴。潮起处，是我家。"汕头市形象歌曲《潮起处，是我家》的这一句，道出了汕头的韵致。

与海相依的汕头，到处都铭刻着海的记号。在汕头，多姿多彩的潮汕文化从远古走到现代，独特的船行禁忌与百年潮剧流传至今；美妙神奇的南澳传说为城市增添了别样的魅力。

## 古韵汕头

"州南数十里，有海无天地。"从唐代著名文学家、政治家韩愈《泷吏》诗中的诗句可以看出，当时汕头尚为一片汪洋大海。

沧海桑田，随着海洋对陆地的冲刷，这里逐渐形成了滨海平原。宋代时，汕头地区形成了一个渔村，隶属于当时的揭阳县鮀江都。到了元代，在现在的光华埠一带，已形成一个较大的村镇，被称为"厦岭"。清雍正到乾隆年间（1723—1795），迁到此地居住的人口日益增多。他们捕鱼、耕田，还利用海水晒盐，吸引了各地盐贩来此贩运海盐。朝廷于是设站征收盐税，并将此地命名为"汕头"。

汕头城市风光

汕头开埠至今已有 260 多年的历史。乾隆二十一年（1756），朝廷在放鸡山（今妈屿岛）设立"常关"，收取南北商运的关税。这是在汕头最早设立的税关，显示了这里作为开埠码头的重要性。

汕头素有"百载商埠"之称。第二次鸦片战争后，外国人于 1858 年把汕头视为通商口岸。1860 年，汕头正式开埠，成为全国第三个、广东省第二个设海关的口岸，也成为五个通商口岸之外别具商业意义的口岸。之后，汕头因其优越的地理位置和相对安全的商业环境，逐渐超越潮州城区，成为粤东的经济中心。

## 潮汕文化

潮汕文化是以明朝洪武年间（1368—1398）设置的潮州府为中心发展演化而来的汉族区域文化，与客家文化、广府文化共同构成当今岭南的三大地域文化。潮汕文化历史悠久，内容丰富庞杂，既包括颇具个性的潮语方言、享誉海内外的潮汕文学，还包括富有地方特色的饮食及古典雅致的潮汕民居。

### 潮汕船行禁忌

潮汕濒临大海，河流纵横交错，渔业和航运业成为人们谋生的重要手段。为了表达对海洋的敬畏，当地民间流传着许多船行禁忌。

在汕头民间，人们认为很多东西都是神圣的。如果随便提及或使用这些神圣之物，便会招致不幸；反之，如果能避免这些禁忌，就能带来吉祥、平安。例如，人上船后绝对不能说"翻""沉""倒"这些词语；在船上晒衣服时，切记不要把里子翻在外面；吃饭时盛完饭，饭勺要直插在锅里，不能放倒；吃鱼时，一面吃完不能直接翻过来，非翻不可时要边翻边说"顺过来"。

在潮汕人眼里，船是龙。船在行驶时，遇上有蛇争道横渡，行船人必须加快船速，赶在蛇未过船头时抢先驶过去，因为"龙"若是与蛇斗输了就要倒霉。潮汕地区的船家最忌讳的是船上死人。如果不幸船上死了人，除了把尸体马上推下水外，还得赶快杀狗，用狗血洒遍全船，再用水冲净，以求禳解灾殃、祐护生者平安。

在这些禁忌之外，船家还有一喜，

渔船

那就是乘船的孕妇临盆生产。"生"意味着船家将有生意、要发财。碰到这样的事，船家会欢喜不迭地煮糖面、鸡蛋，并烹制丰盛的菜肴来款待产妇。

## 百年潮剧

潮剧是潮汕文化的重要组成部分，也是汕头人最喜爱的艺术形式之一。这种用潮州话演唱的地方性戏曲剧种是我国十大剧种之一，不但极富地方特色，充满生活气息，更是联络世界各地潮州人之间情谊的重要纽带，被誉为"南国奇葩"。

潮剧历史悠久，早在明末时就已开始流传。它与梨园戏的关系十分密切。初期的潮剧语言为白话掺杂潮州话。嘉靖《广东通志》中有记载："潮俗多以乡音搬演戏文。"嘉靖四十五年（1566），用潮州方言写成的戏本《荔镜记》问世，表明用潮州方言演出的戏已在当地占主要地位。

潮剧曲调优美，轻俏婉转，长于抒情。清代中叶以后，它又吸收了板腔体音乐。有清一代，潮剧相当盛行，这一点从清人的笔记著作中可见一

潮剧表演

潮州歌剧剧本

斑。有记载说，清初的潮州"迎神赛会，
一年且居其半。梨园婆娑，无日无之"；
"潮人以土音唱南北曲者，曰潮州戏"。
而后，"潮剧所演传奇，多习南音而
操土风，名本地班。观者昼夜忘倦。
若唱昆腔，人人厌听，辄散去。"

# 神奇南澳

　　碧波摇得游人醉，孤岛悬在水中央。
　　南澳岛历史悠久，地理位置十分
优越。自古以来，这里就是东南沿海
通商的必经之地和中转站。明朝时，
南澳岛被冠以"海上互市"的称号。
如今的南澳岛绿树成荫，郁郁葱葱，
是一个被人们称为"没有金山银山，
只有绿水青山"的好地方。

## 神奇的传说

　　南澳岛不但风景如画，更有众多
神奇美丽的传说。

南澳岛绿树成荫

相传很久以前,海面上有两座城,一座是东京城,另一座是南澳城。为了更好地管理这两座城,玉皇大帝赐给掌管东京的男岛神一个鼎盖,赐给掌管南澳的女岛神一个酒盅。

一天,女岛神忽然想到,南澳岛形如酒盅,虽然美丽,但置于海中,不免有沉没之患。为了避免这样的悲剧,女岛神遂提出和男岛神互换宝物,得到了同意。

当时东京城内有一位钱员外,得知东京男岛神的鼎盖被南澳女岛神换走了,总担心东京城有朝一日要下沉,便去找卜卦先生问卜。卜卦先生对他说:"南澳岛北角山东面那头大石狮脖子流血之时,就是东京下沉之日!"

钱员外听了,惊恐万分。他一面请人赶造逃难用的大船,一面派了一名婢女每天去观察大石狮。有天夜里,一个杀猪的不小心将猪血洒在了石狮子上。第二天一早,婢女发现石狮身上血淋淋的,急忙赶回家向钱员外报告。钱员外一家急忙收拾细软,等他们登上船时,只听得轰隆一声巨响,东京城果然沉到海里去了!

这就是流传于南澳岛一带的"沉东京,存南澳"的传说。在南澳岛,还流传着藏金谜的传说,至今仍吸引着无数人来这里寻宝。

在南澳宋井亭东北面约千米处,有一太子楼遗址。遗址中有一棵茂密的古榕,长在一处硕大的石壁上。石壁下方有一裂缝,裂缝两边刻着一些歪歪斜斜、难以辨认的文字。相传在

太子楼遗址

石壁内有一个石室，石室内藏着南宋皇室未能带走的大批金银珠宝。若有谁能将石壁上的文字念成文、释出义，石壁便会自动开启，里面的宝藏都将归其所有。

### 南澳总兵府

在深澳镇大衙口，有一座气势恢宏的明清风格的建筑，这便是南澳总兵府。

南澳岛所处的地理位置十分重要。为了巩固海防，打击海盗和倭寇，明政府实施禁海的政策，在这里设置了总兵府，使南澳岛成为管制闽粤台的重要军事基地。总兵是明清时代镇守边区的武官。南澳总兵府是南澳总兵的衙署，最初由时任南澳副总兵晏继芳于明万历四年（1576）所建，后于万历九年（1581）由副总兵侯继高完善。

南澳总兵府见证了明清两朝历史的变迁。镶嵌在府内右侧院墙上的23块古碑均保存至今，其中最有文物价值的当数刻有中国最早港务约法的税务碑。

这里1992年被辟为南澳县海防史博物馆，成为当时我国第一座县级海防史专题博物馆。如今，两尊铸造于1840年的土炮坐落在南澳总兵府门前，讲述着中国海防的曲折历史。

# 岭南羊城——广州

位于广东省中南部、珠江三角洲北缘的广州城，受益于得天独厚的地理条件，自古以来就是一片富庶之地。

广州拥有被人称道的悠久历史，五羊传说引人入胜；广州港继往开来，新中国成立以来续写了崭新篇章；粤剧婉转悠扬，其声其美令人迷醉；咸水歌踏浪而歌，唱出了浓郁的南海韵味。

滔滔南海，巍巍云山，滚滚珠江，共同塑造了人杰地灵之城，钟灵毓秀之地——广州。

广州风光

## 港兴"羊城"

广州又称"羊城"。它的发展和兴盛，离不开五羊传说，更离不开港口的熙来攘往。

### "羊城"之始

广州历史悠久，据考古发现，早在新石器时代，这里就有百越人活动，人类活动的历史超过4000年。广州城的初建，则可追溯到秦始皇三十三年（前214）。当时，秦始皇派兵攻打岭南，并在白云山和珠江之间南越人聚居的名叫番山的高地，选址修建城池，称为"番属"，这便是广州设立行政区和建城的开始。

不过，越秀山上的五羊石雕却向我们讲述了关于"羊城"诞生的另一番故事。

相传，广州曾发生过一次大饥荒，官老爷却不管不顾硬逼百姓上交皇粮。有位老人因交不出来而被官府抓走。官府责令与老人相依为命的小儿子三日内上交粮食，少年没有办法弄到粮食，急得放声大哭。五位仙人听闻，骑着五只不同颜色的羊，拿着谷穗降至凡间，来到少年的家里。他们告诉少年，把谷粒种到土里，只需一晚就能收获。少年按照吩咐，种下了谷粒。第二天一早，他果然看见了大片成熟的稻谷。

少年把稻谷如数交给了官府。官

五羊石雕

老爷觉得事出蹊跷，便逼问稻谷的来历。少年被逼无奈，只得告知实情。官老爷立刻命令手下前去捉拿仙人，以抢夺更多的稻谷。少年赶紧回去通知了仙人，让他们赶快逃跑。五位仙人却不慌不忙，气定神闲，只是要少年赶快把剩下的谷种都撒到地里，这样百姓就不会挨饿了。说话间，驾云去了。差役们到了，五位仙人腾空而起，驾云走了。差役们看得目瞪口呆，等回过神来就想抓住仙人留在草地上的五只彩色神羊，好回去交差。谁知，这五只神羊瞬间簇拥在一起，变成了一块大石头。"羊城"的美名即由此

而来。

## 百舸千帆广州港

广州，因海而兴，由港而盛。

广州港历史悠久，早在 2000 多年前的秦汉时期，就是中国对外贸易的重要港口，汉朝时即已成为我国同其他国家海路贸易往来的重要通道。唐代时，广州不仅是中国的重要港口，也是世界闻名的港口。那时候，我国重要的海外航线几乎都是从广州出航，被称为"通海夷道"。大历五年（770）前后，每年来广州的外国船只共有 4000 多艘。宋朝时，海外贸易有增无减，广州港依托海上丝绸之路越发繁忙，广州城的经济也随之兴盛起来。

广州港的发展并没有因为清朝的"禁海"政策而中断。乾隆二十二年（1757），广州港被指定为向大部分国家开放的唯一的通商港口，并由"广州十三行"垄断全中国的对外贸易，史称"一口通商"。特殊的政策使广州港更为繁荣，也使广州一跃成为当时世界上仅次于北京、伦敦的第三大城市。

广州港南沙港区

1842年中英《南京条约》签订后，随着上海港的开通，广州港的辉煌神话开始被打破。自1843年起，广州港的对外贸易额逐年降低。到1853年，广州港在外贸上的地位最终被上海港取代。

改革开放以来，广州港在新时代的大机遇下，立足于千年积淀的优势，终于再一次崛起，显示出新的活力。如今的广州港作为我国第四大港，秉承着海上丝绸之路的遗风，已成为国家综合运输体系的重要枢纽和华南地区对外贸易的重要口岸，续写着繁荣发展的新篇章。

## 岭南之魂

满是南海海韵的广州城，孕育了独树一帜的岭南文化。包罗万象而又开放进取的岭南文化塑造了广州人的精神气质，更把广州城点缀得古老而不流俗，现代又不失古韵。

## 南国红豆

说到广州，说到岭南文化，不能不提有着"南国红豆"之称的粤剧。

粤剧，源自南戏，旧称"广府大戏"，又称"大戏"或者"广东大戏"，发源于佛山，是一种融南北唱腔、中

粤剧表演

外音乐，以广州话演唱，具有鲜明岭南特色的地方戏剧。

粤剧之美，美在妆扮。早期，粤剧演员比较流行浓脂厚粉。到了20世纪20年代，化妆的方式被改变，此后的妆容逐渐转向轻描淡扫，朴实自然。除了妆容俏丽淡雅，其服饰也流金溢彩，独具特色。

粤剧之韵，韵在词曲。唱词以广州话为主，文白夹杂，既有对仗工整、韵律和谐的诗句，又有朴实无华、富含生活气息的民间口语。两种不同风格的唱词相互融合，构成一个完美的整体，使粤剧既不乏古典美，又让人倍觉亲切。

粤剧是岭南文化的一朵奇葩，其美、其韵、其声、其味均带有浓郁的地域特色。

## 踏浪飞歌

在广州有一种民歌，唱出了愉悦的心情，唱出了纯美的爱情，更唱出了生活的滋味。这，就是咸水歌。

咸水歌是一种流行在广州市及珠三角地区的汉族民歌，属于疍家渔歌。明清时期，这种民歌非常兴盛，不过其名是在清代才被确定下来的。

广州咸水歌至少有600年的历史，迄今发现的关于疍家渔歌的最早记载是明初汪广洋《斗南楼诗二首》中的诗句"碧树藏蛮逻，清歌发蜑舟"。咸水歌演唱语言为广州方言，歌词则大多数为即兴创作，这就使咸水歌中保留了大量的口语、俗语，生活气息十分浓厚。

咸水歌的演唱方式是男女对唱，

其内容主要是水上生活及男女间的爱情。每当有迎娶之喜事时，咸水歌美妙悠扬的曲调便会伴着生活化、口语化的唱词响起，十分热闹。

## 南海神庙

南海神庙屹立在广州城内，又称"波罗庙"。作为我国古代东西南北四大海神庙中唯一留存下来的建筑遗物，它既是古代广州人民祭海之地，又是中国古代对外贸易的重要见证。

南海神庙建于隋开皇十四年（594），距今已有1400多年。这是一座十分典型的中国传统庙宇建筑，规模宏大，方正开阔，体现着汉民族传统文化的独特精神气质。

神庙大殿正中安放了一尊3.8米高的南海神祝融雕像。相传尧帝时期，洪水滔天，浸山灭陵，百姓生活于水深火热之中。为了治水，鲧到天上偷了息壤到人间，用它堵塞洪水。得知此事的天帝怒火冲天，命令火神祝融下凡将鲧杀死。祝融完成任务后，天帝又命他掌管一方之水。由于祝融属南方之神，因此又被称为南海之神。

大殿中央的祝融雕像神情端庄严肃，一派王者风范。在祝融雕像的背后有一幅壁画。画中一条腾云驾雾的龙在无际的海水上方盘旋，壁画两侧是一副对联，联语为"顺水千舟朝洪圣，伏波万里显真龙"。

南海神庙的意义不仅在于祭祀南海神，还在于见证了西汉以来广州作为海上丝绸之路起点的历史演变。由

南海神庙

于处在海上航线上的重要位置，南海神庙留存有许多珍贵的历史文物，其中包括皇帝御赐的碑文、题字等。这些极其珍贵的文物，不但铭记了广州丰厚的海洋文化，也见证了广州的光荣过往。

# 归来的城——澳门

与香港隔海相望，南面中国南海，北邻广东省珠海市的澳门，曾被强占数百年，终于在1999年重新回到祖国怀抱。那里的人们敬海，信奉守护渔民的妈祖；那里的人们爱海，每年都要庆祝鱼行醉龙节。谭公庙、东望洋炮台共同见证着澳门的海洋历史文化。

## 澳门的光与影

千百年光阴，在历史长河中不过是弹指一瞬，于一座城市而言，却是潮起潮落的几度变迁。回首澳门历史，我们会发现既有光的辉煌，也有影的屈辱。

### 澳门之光

1995年，考古学家在澳门路环黑沙的沙丘中发掘出了彩陶及玉器。这些被历史尘埃掩埋在黑暗之中的文物，距今已有四五千年的历史。它们得以重见天日，不但印证了澳门历史的悠久，更说明了早在新石器时期澳门一带就已有我国先民繁衍生息。

春秋战国时期，战乱迭起，各国领地几易其主。那时候，澳门属于百越之地。秦朝统一天下后，澳门成为中国不可分割的领土，属南海郡番禺县管。唐至德二载（757），澳门被划为广州东莞辖地。

南宋皇朝倾覆之际，大批南宋军

路环黑沙出土的陶器残片

路环黑沙出土的陶器残片

民从福建败退，乘船到达澳门一带，在此地补给淡水和食物，后在此定居。借助这一契机，澳门虽然耕地不足、物产稀少，却得到了初步开发，为之后的岁月里散发光彩奠定了基础。

## 澳门之影

明嘉靖三十二年（1553），一批葡萄牙人以"借地晾晒水浸货物"为借口，通过向明朝官员行贿，获准在澳门半岛暂时居住，成为澳门屈辱之影的开始。

明朝后期，由于明政府的软弱及地方官员的贪婪，葡萄牙人以贿赂的方式逐渐巩固了在澳门的地位。到了清朝，朝廷曾在澳门前山寨设立县丞衙门，以加强对澳门地区的管辖。

但等到鸦片战争后，葡萄牙人见清廷腐败软弱，遂于1849年停止向清朝交地租，并强行占领了关闸。此后，葡萄牙人于1851至1883年分别占领了凼仔、塔石、路环、龙田村和望厦村等地，建立了海岛市。为了完全占领并控制澳门，葡萄牙于1887年迫使清政府签订了《中葡和好通商条约》。至此，澳门正式沦为葡萄牙殖民地。

1999年12月20日，中华人民共和国恢复对澳门行使主权。在外漂泊了400多年的"孩子"终于回到了祖国母亲的怀抱，开启了崭新的篇章。

澳门回归纪念小型张邮票

# 敬海庆海

作为澳门文化中一支独特的力量，妈祖文化千百年来在澳门这片土地上广植深种。中华文明是澳门的根，妈祖文化是澳门的魂。除了敬仰海神妈祖，澳门还有多样的涉海节庆，其中最具代表性的便是鱼行醉龙节。

## 守护神妈祖

妈祖，又称天后、天妃，是我国东南沿海最重要的海神，风浪里的守护神。妈祖信仰是我国乃至东南亚各国民间都比较盛行的信仰。

妈祖原名林默，出生于福建莆田湄洲岛。南宋人廖鹏飞于绍兴二十年（1150）所写的《圣墩祖庙重建顺济庙记》中对妈祖有这样的记载："……世传通天神女也。姓林氏，湄洲屿人。初，以巫祝为事，能预知人祸福，既殁，众为立庙于本屿。"

在东南沿海地区，几乎家家都供奉妈祖，祭祀妈祖，而妈祖那些救人行善的神奇故事也是代代相传。

## 妈阁庙香火

在澳门半岛西南端，依山面海处，有一座造型古朴而灵动的庙宇，这就是妈阁庙。

初建于明弘治元年（1488）的妈阁庙是澳门最著名的名胜古迹之一，距今已有 500 多年的历史。这座庙宇沿崖而建，主要由大门、牌坊、正殿、弘仁殿、观音殿及正觉禅林组成，是一座极具特色的古代建筑。

妈阁庙的大门属于牌楼式花岗石建筑，门楣上"妈祖阁"三个金字格外夺目，两侧书有对联"德周化宇，

妈祖阁正门

泽润生民"。一对石狮子守护在庙门口，栩栩如生，据说是清朝著名工匠的作品。穿门而进，迎面便是正殿，被称为"神山第一殿"，里面供奉着妈祖。这座大殿是由花岗石建筑而成，历经百年，仍傲然伫立。

妈阁庙是澳门香火最旺盛的庙宇。许多澳门人在农历除夕、三月二十三日妈祖宝诞、九月九日重阳节这三个节日里都必来祭拜妈祖。因此，每年这几个节日到来时，妈祖庙都是人山人海，热闹非凡。

## 鱼行醉龙节

鱼行醉龙节是澳门独特的民间传统活动，也是澳门渔家狂欢的节日。

不知道从何时起，每年农历四月初七傍晚，在澳门从事渔业的居民便会聚集在市场，席地而坐，共吃"龙船头长寿饭"。席间，人们会舞动香案上的木龙，以祈求出海平安、生意兴隆。后来，澳门鲜鱼行传承了这个习俗，逐渐将其发展为每年四月初八举办的狂欢节——澳门鱼行醉龙节。

据《香山县志》记载："四月八日浮屠浴佛，诸神庙雕饰木龙，细民金鼓旗帜，醉舞中衢，以逐疫，曰转龙。"因此，也有人认为，澳门鱼行醉龙节源于农历四月初八的佛诞节。在鱼行醉龙节上，人们除了吃传统的"龙船头长寿饭"，更要舞醉龙、耍醒狮，因此，鱼行醉龙节又被称为"鱼行醉龙醒狮大会"。

舞醉龙源自一个传说。相传，数百年前，广东省香山县境内瘟疫横流。乡民求助佛祖，抬着佛像路过河边时，河中突然跃出一条大蛇，被乡民砍断后血染河水。乡民喝了河水后病除瘟祛，遂都认为大蛇是神龙降凡，便创造出舞醉龙以志纪念。舞动的木龙道具分为龙首和龙尾两部分，均采用坚硬的樟木或柚木精雕而成，且雕刻有龙鳞，有紫、白、金、青、赤等多种颜色。人们在舞动醉龙的时候，虽步伐飘逸，左摇右摆，却是"醉中有序，序中有醉"。

澳门鱼行醉龙节表达了澳门人民对幸福生活的渴望和祈盼，是澳门的文化瑰宝，也是我国非物质文化遗产的重要组成部分。

舞醉龙

## 澳门海中景

澳门既有中西文化交流的印记，也有浩瀚蓝海留下的痕迹。特别是那些留存至今的特色建筑，吸引着无数华夏子女的目光。

### 谭公庙

建于 1862 年的谭公庙，是澳门香火最为旺盛的道教庙宇。

之所以叫"谭公庙"，是因为庙内供奉着保佑涉水之民的神灵——谭公。相传，元代时，广东惠州地区出现了一个天赋异禀的姓谭的牧童。他 12 岁时悟得真道，并在惠州的九龙山修炼成仙。之后，他经常隐匿真身，为外人所不知。为了庇佑靠海吃饭的人们，他担负起了为河海船民、渔民测报天气和治病救危的神职。有意思的是，他每次显灵都要化作童身。

正是由于他的庇佑，涉水之民的生产生活才得到保障，所以他深得当地船家和航运业从业人士的尊敬，被奉为保护神。人们称他为"谭公"，并为他建立了庙宇，以表感恩之情。

谭公庙内的鲸骨龙舟

在澳门谭公庙，有一件著名的历史文物 —— 全长四尺、由鲸骨雕制而成的龙舟。据说，这条龙舟是建庙时由渔民送来的鲸鱼骨制作而成，是谭公庙的镇庙之宝。相传，摸过鲸骨的人会行好运，所以善男信女来进香后都一定上前会摸一摸龙骨。

## 东望洋炮台

在澳门半岛的最高点——松山之巅，伫立着拥有数百年历史、可俯瞰大海的东望洋炮台。

东望洋炮台是澳门海洋历史文化的遗迹之一，约建成于明崇祯十一年（1638），是中国现存最早的西式炮台建筑群之一。整个炮台占地约800平方米，炮台平面为不规则多边形，墙高约6米，主要由花岗石筑建而成。

东望洋炮台最初的作用是用来防御外敌和观察敌情，对于保卫澳门的海防有着十分重要的作用。曾经，东望洋炮台与妈阁炮台共同构成了一道坚固的防线，守卫着澳门的安全。

在东望洋炮台上，还有一座建于1865年的东望洋灯塔。这座灯塔由澳门土生葡萄牙人建造，是我国沿海地

东望洋炮台

区最古老的灯塔之一。灯塔高13米，白墙红顶，雄伟挺拔。在晴朗的夜晚，它射出的灯光可以辐射澳门四周10千米的范围。

东望洋炮台和灯塔相依相伴，耸立在澳门半岛的最高端，至今仍共同守望着这座归来的城。

# 南国珍珠——北海

北海渔船

北海是一座老城。不论是与南海的丝缕情缘、林立在珠海路两侧的骑楼建筑，还是一生漂泊的疍家人、奇妙的白龙珍珠城、矗立在涠洲岛的天主教堂，都是只属于北海的故事。

## 北面之海

原本处在南国的滨海城市，为何名为北海？北海之名，其实是从一个名不见经传的小村庄开始演变而来的。而小村庄的起源，则要从它的"邻居"南澫村说起。

位于今北海市区西南角的南澫村，从前是一个半圆形港湾。这里是浅海作业和停泊小船艇的理想之地，而且岸上淡水资源丰富，适宜农业耕种，是难得的宜居之地。约在明末时，南澫村开始有人居住。

后来，南澫村的渔船经常驶到今北海港一带避风或捕鱼。这一地区位于南澫村北面，当时还没有名称，大家便把这一带的海域称为"北面海"，简称为"北海"，而在这里形成的村落也就被人们称为"北海村"。编于清光绪三十一年（1905）的《北海杂录》载："未通商时，有北海村。"久而久之，"北海"便成了今北海市的名字。

今天的北海，作为全国 14 个沿海开放城市之一，迎来了新的发展机遇。良好的深水海港，四通八达的多样交通，以及丰富的海洋资源，使这座老城焕发出新的光彩。坐拥"中国十大宜居城市"的美誉就是这光彩最好的明证。北海这座承载了无数南海记忆的城市，正在书写崭新的故事。

## 海上疍民

生活在海波之上，以舟为室的疍民是北海居民中独特的一支。由于常年漂泊海上并主要从事渔业或海上运输业，他们也被称为"海上的吉卜赛"。

关于"疍民"一称的来历，人们多有推测。其中一说认为，是因为他们居住的舟楫外形酷似蛋壳，所以他们得名"蛋民"。民国时为避免歧视意味，将"蛋"变体为"疍"。"疍民"一称由此沿用至今。

北海港

海上人家——疍民

北海疍家人信奉妈祖，不论是普度震宫，还是三婆庙，都是疍民们用来供奉妈祖的神圣之地。每月初一、十五，疍民们都会来给妈祖上香，并且用猪、羊祭祀。

北海疍家的姑娘勤劳、善良、美丽、贤惠。父兄、丈夫出海打鱼的时候，她们就在家里织梭、补网。虽然生活让她们劳碌不已，但疍家姑娘从未放弃对美的追求。

疍家姑娘喜爱珍珠、珊瑚以及用贝壳制作的装饰品。她们还喜欢戴笠。这种笠做工考究，呈圆锥形，外面刷有一层金黄色的海棠油。海棠油既是笠的保护层，又为笠增加了一分光彩。戴着这种笠，防晒又防雨，实用又美丽。

幸运的是，北海的疍民文化至今仍保存得相对完好。在北海，仍有少数疍民遵循着传统的生活方式，很少上岸，守护着古老的民俗，也守护着他们自己的根。

## 老街骑楼

想要了解一座城市，就要去它的老街看看。

在北海这座城市中，珠海路无疑是最具文化价值和历史价值的老街。老街始建于1883年，长1.44千米，宽9米。旧北海的道路是东西走向，街巷是南北走向。老街十分狭窄，两侧都是中西合璧的骑楼式建筑。所谓骑楼，是依照建筑形态命名的。由于这种建筑的沿街部分二层以上出挑至街道上，用立柱支撑，形成内部的人行道，立面形态上的建筑骑跨人行道，因而得名"骑楼"。珠海路老街的骑楼建筑虽然受到了西方建筑风格的影响，但其本身却超越了模仿的意义，

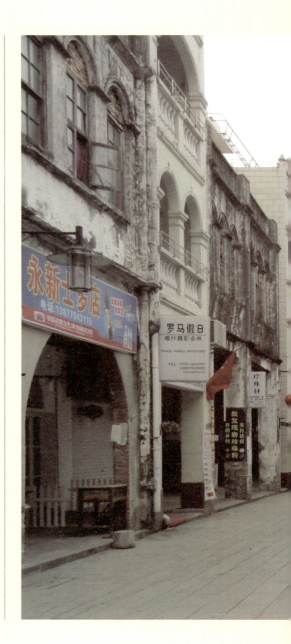

珠海路两旁的骑楼式建筑

兼具中西风格，是中西文化在特定时代中碰撞的结晶。

在 1927 年以前，珠海路是北海市最繁华的商业街区。在老街居民的回忆中，当时的珠海路两侧，商店一家挨着一家，货物种类十分丰富，从南海捕获的海货也琳琅满目。当然，渔猎用品也是必不可少的，经营缆绳、渔网、鱼钩、渔灯、风帆布、船钉等渔民用品的店铺也是一家连着一家，一铺接着一铺。

可惜的是，珠海路后来逐渐没落了，但其意义至今仍不容忽视。由于保存得相对完整，珠海路被历史学家和建筑学家评价为"近代建筑年鉴"。英国建筑专家白瑞德认为，珠海路的历史文化价值，不但对北海、对华南地区、就是对全中国乃至全世界都有着重要的意义。

## 珍珠之城

位于距北海市区约 60 里处的北海

珍珠城南门

白龙珍珠城遗址，是令北海人引以为傲的历史古迹。这是一座古老的城池，从建筑的工艺和遗留下来的古物研判推测，这座城池的建造时间大约在明代。

白龙珍珠城遗址为正方形，因为城墙中心的黄土夹杂着多层珍珠贝贝壳，所以被称为"珍珠城"。整个城池面积达7万多平方米，设有东、南、西三个城门，门上有楼，站在楼上，整座城尽收眼底，海上的情况也可以看得一清二楚。

珍珠城又叫"白龙城"。相传，古时候有一条白龙在这里现身，人们认为此乃吉祥之兆，便在此地建城，命名为"白龙城"。

该城濒临南海，历代盛产珍珠，质优色丽，以"南珠"之称闻名于世。如今，在古城城墙周围还可以看见古代加工作坊的遗址和明代"李爷德政碑""黄爷去思碑"等遗迹。残贝散落在遗迹周围，诉说着当年采珠之盛。

## 涠洲岛天主教堂

在北海的涠洲岛上，有一座天主教堂，至今已屹立了上百年。这座掩映在芭蕉林中的教堂，始建于1869年，落成于1880年，高21米，总面积2000余平方米，是广西沿海地区最大的天主教堂。

教堂高大雄伟，正门顶端是钟楼。

涠洲岛天主教堂

高耸的罗马式的尖塔象征着人和上帝的沟通桥梁，有着随时"向天一击"动势的哥特式风格又让人倍感神秘。

在钟楼的顶层，有一口白银合金的大钟。据说这口钟铸于1889年，是一位法籍寡妇教徒赠送给教堂的。每周日的上午，司钟人都会拉响大钟，钟声就会在整个涠洲岛上回响。

涠洲岛天主教堂印证了清末政府对涠洲"重开岛禁"的历史，也是天主教在涠洲岛流传、发展所留下的印记。1867年，为了增加税收，清政府准法籍神甫与粤督张树清所奏，重开涠洲禁。同年，法国错士神父带领一些广东客家人上岛定居，随后在盛塘、城仔和斜阳岛各建一座教堂，天主教文化开始在岛上传播、扩散。

应该说，涠洲岛天主教堂某种程度上扮演了外来文化在进入我国腹地之前的中转站的角色，促成了涠洲岛上本土信仰与外来宗教共处的独特历史现象。

# 西南门户——防城港

广西南部边陲有一座被誉为"西南门户、边陲明珠"的小城。依山傍海、风景秀丽的它，是防城港。

防城港处于我国大陆海岸线的最西南端，处在陆地边界与海岸边界的交会处。在这里，港城的历史与现代建筑交相辉映，独特的海洋风俗显示出别样魅力，簕山古渔村在潮起潮落中讲述着古老的故事。

## 古城新港

位于中越边境的防城港市是一座既古老又年轻的城市。

说它古老，是因为它历史悠久。考古发掘表明，早在新石器时代，就有先民在今防城区、上思县的土地上繁衍生息。秦始皇统一岭南后，今防城港地区隶属于象郡。隋唐时，为钦州辖地。宋代始有"防城"之称。至1888年，清政府将钦州西部划出，正式设置防城县，时属广东。

防城港码头

　　防城港又是年轻的。这是因为直到 1993 年，它才被正式确立为广西壮族自治区下辖的地级市。说起防城港建市，就不能不提防城港港口的建设。

　　防城港港口位于广西北部湾，是我国重要的深水港口，也是西南地区走向世界的海上门户。1968 年，中央决定正式启动"广西 322 工程"，防城港的港口建设由此开始。那时候，建设防城港主要是为了开辟援越抗美的海上隐蔽运输航线，是出于军事上的考量。到 1972 年，防城港正式担负起转运援越物资的任务，在援越抗美中发挥了重要作用，有"海上胡志明小道"之称。之后，防城港逐渐转变

职能，并借助优越的地理位置和运输条件，成为连接中国、东盟和西方的物流大平台。

　　与上海港、泉州港、广州港等不同，防城港是新中国成立后才建成的新港口。也正是因为防城港得天独厚的地理位置，以及对外贸易的快速发展，才促成了防城港市的成立，使这片古老的土地焕发出了动人的风采。

## 哈节狂欢

哈节，又称唱哈节，是防城港少数民族京族的传统节日，充满浓郁的海洋风情。

相传，在广西北部湾岸边有一座山，名叫白龙岭。白龙岭有一伤天害人的蜈蚣精，让附近的居民苦不堪言。为了铲除蜈蚣精，一位神仙化身为乞丐，搭船行驶到蜈蚣精洞口。就在蜈蚣精想要掀船吃人的时候，神仙把事先准备好的滚烫的南瓜塞进了蜈蚣精口中。吞下南瓜的蜈蚣精被烫得满地打滚，最终横尸北部湾。为了让人们能够有更好的栖息之地，神仙把蜈蚣精的尸体分为三段，将它们幻化成了"京族三岛"——万尾、巫头、山心。京族人十分感念这位神仙的帮助，便将其尊奉为"镇海大王"，建立庙宇，每年到海边迎接镇海大王并进行祭祀。京族的传统节日——哈节由此逐渐形成。

有关哈节的传说为其增添了些许的传奇色彩，但据民俗学家解释，哈

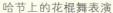

哈节上的花棍舞表演

邮票上的"哈哥""哈妹"

节实际上是纪念海神公诞辰的盛会。京族人属于海洋民族，由于靠海而生，以海洋渔业生产为主，举办哈节其实是要迎回海神为其庆生，以祈求人畜兴旺，出海丰收。

"哈"是京语译音，含有"歌""请神听歌"的意思，因此哈节又有"歌节"之称。 哈节活动大致有迎神、祭神、唱哈、入席乡饮、送神这几个程序。

迎神时，迎神队伍一路敲锣打鼓，浩浩荡荡来到海边恭请镇海大王，万人集聚，场面蔚为壮观。然后，年长

的主祭人庄严地面对大海宣读祭文，依照古老的祭海习俗，上高香、敬五谷五果，万人同祭海神，祈求风调雨顺。祭神后便是唱哈和入席乡饮。唱哈是哈节的高潮，所占时间最长，由"哈哥""哈妹"调琴击梆配唱，曲调种类繁多，内容丰富。"听哈"者则一边饮宴，一边"听哈"，其乐融融。最后一个程序是送神，送完神，历时数天的哈节才告结束。

## 南海渔村

在钦州湾西岸，距防城港市区大约 25 千米处，坐落着簕山古渔村。清幽的密林，奇异的礁石，古朴的渔船，勤劳的渔民，腥咸的海风，活蹦乱跳的鱼虾，这一切都使这里显得格外安逸娴静。

相传，由于鹿多，此地原本名为"鹿山"。这里环境清幽，风景迷人，村子始祖常熙公经常摇艇四处游玩。偶然间，常熙公发现了一种名为簕花的神奇花朵，食用后令人神清气爽。常熙公长期食用后，胃病逐渐痊愈了，他妻子跟着食用此花，病也慢慢好转了。出于热心，两位老人将此事告知

箐山古渔村

了亲戚朋友。没想到在众人的明偷暗抢中，箐花不幸死掉了。为了纪念这种花的治病之恩，常熙公便把鹿山改名为"箐山"，村子也更名为"箐山村"，并一直沿用至今。

　　漫步在渔村中，你会发现一座占地约 30 平方米的两层小砖楼，这就是渔村中现存的唯一一座岗楼。岗楼原本有四座，始建于明末清初，其功用在于防范海盗，保卫村子安全。如今现存的是东门岗楼，其厚重的青砖古墙向世人昭示着过往的历史。在渔村西侧林中的空旷场地中，还保存有古时的祭台等设施。由于渔村因海而生，靠海而居，生活在这里的人都十分敬畏海洋，渔民每次出海前都会在此处祭海，以求出海平安、满载而归。

　　箐山古渔村不仅是当地渔民生活繁衍之地，更是我国南海渔村文化的重要遗存。在这里，渔民们同百年前的先辈们一样享受着宁静的渔家生活，向世人展示着传统的、富于海洋特色的古渔村风貌。

# 天涯海角——三亚

南国的碧波荡漾中，它是一份浪漫；南国的椰风海韵中，它是一幅画卷。

三亚历史悠久，鉴真和尚和黄道婆的故事折射出中原与南国的密切交往，崖州古城的城墙记录着边陲海城的发展繁荣；鹿回头的动人传说令三亚清新飘逸，黎族、苗族等多民族的聚居使三亚活力四射。

## 三亚史话

历史迈着与南海节奏相同的步伐，平静从容地书写着我们永远也读不完的故事。

### 入海口为名

三亚历史悠久。早在一万年前，这里就有先民从事原始的狩猎、捕捞和采集等生产活动，创造出了海南岛独特的海洋文明。这些先民就是著名

三亚河风光

鉴真东渡场景复原模型

的"三亚落笔洞人"。据考古专家介绍，他们所创造的文明遗址——落笔洞史前人类文化遗址，是我国目前发现的最南端的史前文化洞穴遗址。

三亚秦属象郡，隋属临振郡，唐属振州。北宋开宝五年（972），改"振洲"为"崖州"。由于三亚境内有一条入海处呈"丫"字形的河流，这座城市遂被这里的渔民称为"三丫"。巧合的是，在本地方言中，"丫"与"亚"同音，因此这条河流被人称为"三亚河"，而城市也因此被命名为"三亚"了。

## 文化交流使者

提起三亚，就不能不提两个著名的人物，一个是唐代的鉴真和尚，另一个是宋末元初的黄道婆。两人在不同的时代为三亚带来了同样的辉煌印记。

鉴真是唐代著名的赴日传法高僧。日本人尊称他为"过海大师"。天宝七载（748），鉴真率弟子从扬州沿江而下，第五次东渡日本。谁料到，在渡海的途中，他们遭遇了极其强烈的飓风，惊涛骇浪几乎将船掀翻。半个月后，船被海流带到了振州，也就是今天的三亚。

鉴真和弟子上岸后，见此地碧海蓝天，鸟语花香，美不胜收，心中喜悦，加上又受到振州人民的热情接待，便决定在此地暂住休整。在三亚滞留期间，鉴真仍不忘弘扬佛法，主持修缮了大云寺，还将中原先进的农耕技术介绍给当地人民，因而深受当地黎族、苗族等各族百姓的爱戴。

鉴真在海南三亚停留了约一年时间，为当地带去了包括许多医药知识在内的中原文化成果。时至今日，三亚仍有"晒经坡""大小洞天"等鉴真遗迹。

再说黄道婆。她原本是宋末元初松江府乌泥泾镇（今上海徐汇区东湾村）的一个童养媳。为了逃脱婆家非人的待遇，黄道婆躲到了一条停泊在黄浦江上的船中。正是这艘船，把黄道婆带到了崖州。

到了崖州后，黄道婆被当地的黎族人民接纳，并在共同的生活中学会

壁画中正在纺织的黄道婆

了纺织技术。当时，黎族织品十分有名，黄道婆不但利用黎族纺织技术织出了精美的纺织品，还融合黎汉两族的长处，成为一名出色的纺织能手，为改进纺织技术作出了彪炳史册的贡献。

在三亚的历史上，像鉴真和黄道婆这样的人还有很多。他们为海南岛与中原文化的交流作出了巨大贡献，使海南岛的独特文化成为中华民族文化的重要组成部分。

## 崖州古城

位于三亚市崖州区的崖州古城，在椰风海韵中历经了千百年的岁月，至今仍在向人们诉说着过往的故事。

崖州在秦始皇统治时期是南方三郡之一象郡的边界。宋朝时，为了防守边关，庆元四年（1198），朝廷开始在这里砌筑砖墙，改变了原来土城的面貌。经由元、明、清三代扩建，崖州古城成为一座规模较大的城池。清道光年间，古城格局基本定形。

崖州城本属边陲人烟稀少之地，但由于许多文人墨客、达官显贵被流

崖州古城

138

配至此，并有商人来此落户定居，这里逐渐兴盛起来。明代时，崖州之盛已被描绘为"弦诵声繁民物庶，宦游都道小苏杭"。到了清乾隆二十年（1755），崖州已是一派繁华景象。

崖州的建筑也是凝固的历史。距崖州古城南门 50 米左右的崖城学宫是古崖州的最高学府，也是我国古时祭祀孔子的最南端的纪念性建筑。创建于北宋庆历年间（1041—1048）的崖城学宫迄今已有 900 多年的历史，说明其时崖州的文化教育就已受到了中华优秀传统文化的深刻影响。

## 浪漫南海滨

浪漫是一首歌，歌中有哭，有笑。南海之滨的三亚，是这样一首浪漫的歌。歌声里，有他，有她，有他们的悲喜交加，还有他们的海角天涯。

### 天涯海角永相随

海水氤氲，椰林密布，白帆点点，风光旖旎的天涯海角景区中，有许多垒石耸立，其中最为著名的便是"天涯石"和"海角石"。

天涯石

相传，古时候在三亚这个地方有两个名门望族，两家都颇为富裕，且人口兴旺，只是两个家族有世仇，是以老死不相往来。世事难料，一个家族的儿子和另一个家族中的女儿相互爱恋，正值青春年华的两个年轻人发誓生死不离。淳美的爱情不但没有使两个家族化干戈为玉帛，反而加剧了矛盾双方的家人都极力反对两个年轻人相爱，这使他们陷入了无尽的苦恼。

无奈之下，两人手挽着手跳进了南海。神明深受感动，便将两人变成两块巨石，让两人永远守望相依。

为了铭记这段凄美的爱情故事，后人在两块巨石上分别刻上了"天涯"和"海角"字样，以颂扬他们愿追随对方直至世界尽头的忠贞不渝。

## 因爱回头

在距三亚市城西村 5 千米处，有一个斜插在汪洋中的小半岛。这个环境清幽的半岛，四周被珊瑚环绕，水抱山环，绿意盎然，美丽异常。它有一个富有诗意的名字——"鹿回头"。

相传，在很久以前，有一位勇敢勤劳的黎族青年猎手。一天，他在五指山上狩猎，正在寻找动物踪迹的时候，突然发现了一只美丽的梅花鹿。这只梅花鹿皮肤上的花纹精美异常，鹿角宛如两支梅花傲立，青年猎手看

鹿回头雕塑

了十分欢喜。

为了得到这只美丽的梅花鹿，青年猎手穷追不舍，追了九天九夜，翻过了九十九道山，从五指山一直追到三亚湾的珊瑚礁上。蔚蓝的大海挡住了梅花鹿的去路，青年猎手觉得这是个好机会，正要弯弓搭箭时，梅花鹿突然回过头来，变成了一位美丽的黎族少女。少女的眼眸里，满是甜蜜的脉脉浓情。

原来，这只梅花鹿本是天上的仙女，因为爱慕这个青年猎手，便飞下凡间寻求幸福。青年猎手面对突如其来的变化喜出望外，于是放下弓箭，向少女表达爱意。后来，两人结为夫妻，男耕女织，捕鱼狩猎，生儿育女，过上了幸福美满的生活。

人们为了纪念这段美好的爱情，便将这个地方命名为"鹿回头"。

## 民俗组曲

多彩民族谱写三亚新篇，浪漫民俗歌唱海滨生活。

三亚是多民族聚居之地。汉族的温良恭俭、苗族的多彩服饰、黎族的动情歌声……多种风情相互唱和，构

欢庆"三月三"

成了时而铿锵、时而婉转的民俗组曲。

## 歌舞"三月三"

黎族是三亚人数最多的少数民族，其人口约占三亚少数民族总数的95%。他们有着独特的民族风情。黎族男人多身着麻衣，头缠红布或黑布；女子则多穿着筒裙，搭配彩色头巾。每逢喜庆的节日，人们便会聚集在一起，男弹嘴琴，女弄鼻箫，交唱黎歌，翩然起舞。

在黎族所有的节日中，最有特色

的就是"三月三"。

"三月三"是黎族最盛大的民间传统节日，于每年农历三月初三举行。它是黎族青年最期待的节日，因为这个节日又被称为"爱情节"。这一天，黎族青年男女可以互诉衷肠，是向心爱的人诉说情愫的最好时机。

"三月三"的历史十分悠久。相传在上古时期，洪水肆虐，淹死了许多人。一对聪明的兄妹因为躲在南瓜中而幸运地存活了下来。为了延续种族，他们分头寻找族人，相约每年的农历三月三会合。谁知历经几年的寻找，都是无果而终，无奈的妹妹只得决定和哥哥结婚生子，以延续种族。她忍痛在自己的脸上刺上了花纹，并将植物捣碎，用汁液为花纹上了色。于是，在这一年的三月三，兄妹俩结为了夫妻，而后生儿育女，开荒种田。为了纪念他们的爱情和牺牲，黎族人便把"三月三"定为节日。

每年的这一天，黎族人民都会穿上多彩的节日盛装，从四面八方汇集到一起，以祭拜始祖、对歌、跳舞等方式来欢庆佳节。宋代诗人范成大在其《桂海虞衡志》中记载："春则秋千会，邻峒男女装束来游，携手并肩，互歌互答，名曰作剧。"

等到夜幕降临的时候，气氛更为热烈了。小伙子们会撑开花伞，带着自己心爱的姑娘，围着篝火，伴随婉转的情歌翩翩共舞。姑娘们的银饰在火光下闪动着幸福的光芒，歌与舞都传递着甜蜜的爱恋。

## 真情姐妹节

在三亚，除了能同黎族青年载歌载舞、欢度"三月三"外，还能在农历三月十五日，和苗家村寨的姑娘共同欢度极具民族特色的苗族传统节日——姐妹节 。

相传很久以前，有一对姨表兄妹，他们青梅竹马，互相爱恋。然而，他们的恋情却遭到父母和族人的强烈反对。于是，两个苗家青年只能在野外偷偷约会。每次约会的时候，妹妹都会给哥哥带去用竹篮藏着的饭（苗语中的"藏饭"译成汉语即为"姊妹饭"）。后来，两个青年人历经许多苦难，终于结为夫妻，相互守候了一生。为了纪念他们的爱情故事和在其中扮演了重要角色的"姊妹饭"，姐妹节这个节日应运而生。也正是因为如此，姐妹节又被称为"最古老的东方情人节"。

每到姐妹节时，苗家姑娘都会精心打扮，穿上彩色的衣裙，全身缀满银饰，神采奕奕，十分漂亮。在节会现场，她们还会邀约情人吃姊妹饭、跳踩鼓舞、游方对歌、互赠信物，展现苗族的浪漫情怀。

# 后记

当你翻到这一页时，我们已经一同走过了一段奇妙的旅程。

在这段旅程中，你或许被这些海滨城市的厚重历史所震撼，或许流连于那些动人的传说，或许触摸到了海洋雕刻出的景观，或许沉醉于独具特色的海洋民俗和文化……

这段旅程没有终点，这本小书仅仅是一个起点。海洋的广阔与壮丽，就如同它的浩瀚无边，怎么说，也说不够。海洋为我们留下的宝贵遗产，是一笔难以估量的财富，怎么讲，也讲不完。

就把这本书带给你的旅程当作一个开始吧，从这里出发，去体味一个个海洋人文景观的历史和传说；从这里出发，去感受一种种海洋文化的传统和现代；从这里出发，去了解一座座海洋城市的过去和现在。

让我们从这里出发，走向海洋，拥抱海洋……

**图书在版编目（CIP）数据**

人文印记 / 李夕聪，纪玉洪主编 . －青岛：中国
海洋大学出版社，2017.3
（中国海洋符号 / 盖广生总主编）
ISBN 978-7-5670-1117-5

Ⅰ.①人… Ⅱ.①李… ②纪… Ⅲ.①海洋－文化研
究－中国 Ⅳ.① P722.7

中国版本图书馆 CIP 数据核字 (2016) 第 072257 号

# 人文印记

| | | | |
|---|---|---|---|
| 出 版 人 | 杨立敏 | | |
| 出版发行 | 中国海洋大学出版社有限公司 | | |
| 社　　址 | 青岛市香港东路23号 | | |
| 责任编辑 | 吴欣欣 | 电话 | 0532–85901092 |
| 图片统筹 | 乔　诚 | | |
| 装帧设计 | 石　盼　王谦妮　陈　龙 | | |
| 印　　制 | 青岛海蓝印刷有限责任公司 | 邮政编码 | 266071 |
| 版　　次 | 2017年3月第1版 | 电子邮箱 | wuxinxin0532@126.com |
| 印　　次 | 2017年3月第1次印刷 | 订购电话 | 0532–82032573（传真） |
| 成品尺寸 | 185 mm×225 mm | 印　张 | 9.75 |
| 字　　数 | 142千 | 印　数 | 1–5000 |
| 书　　号 | ISBN 978-7-5670-1117-5 | 定　价 | 32.00元 |

发现印装质量问题，请致电0532-88785354，由印刷厂负责调换。